室内设计大师课

来自美国顶尖设计师的100堂装饰艺术课

室内设计大师课

来自美国顶尖设计师的100堂装饰艺术课

［美］卡尔·德拉特尔　编著

何丹萍　译

北京出版集团公司
北京美术摄影出版社

目　录

前言

卡尔·德拉特尔

当著名小说家伊迪丝·华顿和朋友兼建筑师小奥格登·科德曼于1897年出版《房屋的装饰》（*The Decoration of Houses*）时，世界正迎来新的运动、新的技术与新的生产模式，凡此种种将彻底改变原有的世界。

伊迪丝·华顿和小奥格登·科德曼致力于为业余读者解读这场运动，解读关于室内装饰的遥远历史与新近发展，力图阐明建筑与装饰、外观与构造之间的合理关系。伊迪丝·华顿表示："本书只关注室内装饰师的工作。"自此书出版以来，人们才开始逐渐了解室内装饰的相关知识。

20世纪涌现出多位室内设计师，如艾尔西·德·沃尔夫、罗斯·卡明、埃莉诺·布朗、弗朗西斯·埃尔金斯、桃乐茜·德雷帕、茜斯特·帕里什、阿尔伯特·哈德利、乔·D.乌尔索、安吉洛·唐西亚、沃德·班尼特、迈克尔·泰勒、比利·鲍德曼、马克·汉普顿，他们在各自的审美实践中践行着伊迪丝·华顿的理念。有些设计师还有其代表作品，以阐明自身的室内设计理念。如《跟比利·鲍德曼学装饰》（*Billy Baldwin Decorates*）、《马克·汉普顿谈装饰》（*Mark Hampton on Decorating*）以及艾尔西·德·沃尔夫所著的《品位饰家》（*The House in Good Taste*）。

20世纪80年代末，室内设计迎来发展高潮，相关著作不断涌现，室内设计在全美乃至全球流行起来。然而，却少有人像伊迪丝·华顿和小奥格登·科德曼那样，完整记录并详细解释当下顶尖室内设计师所推崇的有效的设计方法。

我无意把本书与《房屋的装饰》相提并论，但我一直认为本书是向伊迪丝·华顿和小奥格登·科德曼致敬，它把两位前辈所倡导的"循序渐进，按部就班"的设计理念介绍给当代的设计师。本书通过收录美国100多位顶尖室内设计师的文章，不仅提供了关于室内设计各个元素的全面指导（包括平面规划、入口设置、家具摆设、颜色选择等），同时也深入探讨了与室内设计相关的考古学、心理学、文学等学科理念。

时至今日，自互联网诞生以来逐步兴起的装饰民主化不仅广受欢迎，而且持续蔓延。在此背景下，对室内设计感兴趣的人群比以往任何时候都要庞大。本书为读者展现了室内设计领域顶尖从业者的设计世界，阐明了室内设计这门古老、必需的艺术背后的智慧理念与哲学依据。我希望无论是专业的室内设计师，还是攻读室内设计专业的学生，抑或对室内设计感兴趣的读者，都可以从本书中得到专业指导，获得设计灵感。

我们都栖息于特定的住所中，在构建与设计住所的过程中，我们的考虑越是周全，我们的住所——我们所建造的世界——越是美观。

7页图：

这一位于洛杉矶的住宅由马德琳·斯图尔特设计，客厅中高耸的天花板足有5米高。因此，如何让这一体积庞大的客厅变得更接地气、更聚人气，成为设计师需要解决的难题。在此，设计师运用了同样体积庞大的枝形吊灯（直径足有2米长），并以长链子使枝形吊灯下垂，让客厅的重心下移，由此解决了难题

设计理论

节制

史蒂文·沃尔普

对我而言，节制是一种理想境界。在设计实践中，我把节制视为一个不断努力的过程：取其精华，去其多余，逐步探索出返璞归真的设计方案。无论开展怎样的设计项目，我的目标始终如一：通过有效安排各种资源以创造一个室内空间，这一空间可以充分展现客户的存世方式、生活方式与心中最深的渴望。

在我看来，节制是一种精神特质。在为客户构建生活空间时，我服从于这种节制与约束。这一空间犹如一个舞台，不仅可以正常运作，也可以让客户了解自我、让他人了解客户。我发现在设计实践中，我可以通过选择与安排物品来表达自身理念，就像孩童努力表达自我感知那样。于是，每一物品都成为我表达自身理念的语汇，就这样我成了一名设计师。

当下我们在设计领域所看到的种种现象，体现了另一种思维方式。设计师开创了自身的设计语言、提升了自身的鉴赏水平、培养了自身的审美品位，客户专门为此而委托设计师进行室内设计。相比之下，我对设计师与客户之间的对话过程更感兴趣，这是一场深入而持久的交谈，就像一场精彩的宴会，不到最后也不知道它如何落幕。我喜欢深入了解客户，喜欢和客户一起发现如何才能让他们的住宅变得生机盎然。

在此我想要强调真实的价值，我们有必要对设计方案进行研究与分析，以便达到最为真实的状态。我们摒弃寻常可见、意料之中、流行热门的一切，而推崇不同寻常、别具一格、少为人知的一切，这一原则不仅体现在家居用品如织物、灯具的选择上，更体现在家居用品的搭配上。物品如同人一样，只有在与其他物品的"相遇"中才能产生意义，而这种相遇是实时发生的。当然，我们最终选定的搭配方案在某种程度上是固定不变的，但是一种动态张力始终存在——尽管这种动态张力难以言喻。因为在我们的思维中，我们可以随意选择各种元素，自由组合各种元素。我们可以精心安排宏大的元素与微小的元素，而且可以肯定的是：不同元素如果能构成一个整体，就像不同声部能构成复调音乐那样，要远胜过不同元素的单纯累加。

在充满节制的设计过程中，对品质的明智追求与对价值的敏锐感觉至关重要。无论个体价值还是整体价值的衡量，都与成本无关。我们努力抵制习惯与规范，这些习惯与规范要求我们生产出此前已被证明行之有效的东西。也就是说，我们在不断观察、不断研究、不断探寻，我们鼓励那些选择参与室内设计的人们踏上一场通往未知的旅程。某种程度上说，只要我们有节制地避开那些寻常可见的东西，我们就可以不断创造出优美雅致的东西。一张张扬的沙发需要搭配一套朴素的织物，二者亲切交流、亲密合作。如此一来，无论周围添置何物，它们都可与之友好相处。独立的元素永远不应该张扬自我、引人注目，而应该在漫长的时间流逝中一直陪伴主人，渐渐彰显自我价值。

为了更好地阐明我的观点，我在此打个比方：室内设计如同熬制杂烩。你不能把你喜欢的食材全部放进一个锅里，期待这样就可以熬制出美味佳肴。相反，你应该明确主旨，合理选择，不断调整。无论是室内设计还是熬制杂烩，选择合适的配件或配料、决定不同配件或配料所占比例、留意不同配件或配料在颜色与质感上的微妙差别都至关重要。设计关乎人们正在经历的生活，一切就是如此简单，没有必要过分渲染。

8页图：

在这一朴素简约的客厅中，由玛丽亚·佩格设计、以钢铁为材质的烛台挂在墙上，烛台的左上方挂着从收藏家阿塞尔·维伍德处购入的巴勃罗·毕加索的作品《胸像》（*Personnage en Buste*）。专门定制的沙发装饰有纽扣，配有复古靠枕。沙发旁边摆放着两张装饰有公羊头、叶形饰纹、扭索饰纹的青铜扶手椅，弥漫着新古典主义风格

11页图：

在这一设计简约的饭厅中，由施拉泽·赫什阿里创作的《映象》（*Reflection*）挂在壁炉的上方，约产自19世纪70年代苏格兰的餐椅重新装上软垫，由朱利安·奥培创作的《木刻画22.2008》（*Wooden Painting 22.2008*）挂在深褐色丝绒长条形软座的上方，软座前面摆放着两张由克里斯蒂安·利亚格尔设计、以火山石为材质的边桌

真实性

史蒂文·甘布里尔

室内设计经典范例以及经过周密规划、充满生活气息的室内空间，最能体现室内设计的真实性。

我曾游历各国，只为探寻可以真实体现主人生活方式的设计形式。我曾参观过爱尔兰乔治王朝时期的宏伟的庄园主宅第、比利时的城堡、意大利的别墅与宫殿。我所参观的私人房屋往往充满生气，这种生气体现于一系列改造之中，改造让房屋变得错综复杂、富有内涵。我把这些房屋视为主人生活的一种延伸，视为向房屋主人与客人传达情感体验的一种方式。尽管这些房屋（从哥特式风格到乔治王朝艺术风格）彼此差别很大，但它们也有共通之处——设计风格都源于房屋居住者的生活方式。

在旅途中，我所遇到的人们大都来自和蔼亲切、富有情趣、另类特别的家庭。他们身穿制作精良却透出磨损印迹的工作服，经年累月地漫步于花园与石殿中，在漫步中慢慢变老。他们的家中往往养着几条狗，在伴有裂痕的石地上常常放着一排堆满靴子的篮子。房屋里，带有烧焦痕迹的大型壁炉休闲地倚在精美挂毯与光滑木桌的旁边，壁炉的一角堆放着木柴。在此，粗野与高雅的元素实现了奇妙的无缝融合。我用图片记录了午餐的上桌方式、日常生活中人们所用到的简单材料与所参与的非正式活动。这些世代生活在聚居环境中的人们过着真实淳朴的生活，我在深入其中探寻真实生活的过程中，更好地理解了创意设计——作为一种记录环境、不断变化的方式——的开展与延续。

尽管我曾以照片记录了无数的历史细节，但是如此探寻真实生活的过程，深刻影响了我的设计理念，极大提升了我对设计真实性的理解。诚然，居住者有其个人品位，但是他们也受到此前数代建筑师、装饰师与收藏家的影响。在这场参观各地房屋建筑的旅程中，我见识了各种建筑风格，体验了不同装饰特色，这有助于我了解何种室内设计是教科书式的典范，何

右图：

在这一位于下曼哈顿区的顶楼中，房间宽敞开阔，墙上覆盖有产自墨西哥的桑皮纸，挂着由马克·弗朗西斯创作的画作，画作旁边摆放着专门定制的钢铁壁橱。过去这里曾是一座制造工厂，彼时工厂内有一个保险箱，这一钢铁壁橱就是模仿当年的保险箱所制。钢铁与其他材质形成鲜明对比，弥漫着工业气息，是向原工厂的致敬

种室内设计是有悖常规的另类之作。每当我发现非同寻常的设计典范之时，我都感到有必要向客户推介这种独特的设计方案。我在爱尔兰曾参观了一座与世隔绝的灰色城堡，城堡中纷繁的颜色与奢华的装饰呈现出另类独特的风格特征，我认为有必要对其背景故事做一番解释：设计师奥利弗·米瑟尔是城堡主人的远房亲戚，20世纪30年代他曾在这里待了一个夏天，对这一城堡中的房间进行了精心设计，在保持城堡的历史气息与原始架构的基础上，让城堡体现出主人独特的个性与特定时期的特色。

当我努力探索特定地区或特定时期的建筑风格特征时，我会寻找那些由外来移民所改造或建造的房屋或花园作为研究对象——外来移民来到当地并在此安家，他们会吸收以往所了解到的建筑风格之精华，并融合当地建筑风格之特色，最终建造出改良版的房屋或花园。外来移民对房屋或花园的当代改造，不仅体现了同时代人的价值理念，而且体现了数代人的价值理念以及所移民地区的建筑风格。创造反映我们所处时代之社会风貌与物质特征的遗产，这似乎是人类的基本诉求。

游历意大利的旅程同样让人难忘，彼时几位专家学者建议我参观位于奥尔恰谷地区的拉福斯花园，以便对这一彰显文艺复兴时期典型风格的意大利花园进行深入了解。耐人寻味的是，这一花园全由一位名为塞西尔·平森特的英国建筑师为一位美国的女继承人所建造而成。大约于1927年，设计师与女继承人目睹了这一历经岁月洗礼的景观，由此领悟到何为真正的魅力永存。从意大利回来后，我立志要设计出富有意义的作品，以向这段带给我启迪与灵感的短暂旅程致敬。

在游历爱尔兰的旅途中，当我站在罗斯伯拉别墅前，初次目睹其伟岸身姿时，我竟惊讶得一时说不出话来。这是一座建于18世纪的宏伟的庄园主宅第，弥漫着帕拉第奥建筑风格特色。它如此平静而谦卑地立在那里，自然而然地唤起我对往昔青葱岁月的回忆。彼时我还是美国弗吉尼亚大学的一名建筑专业学生，某个夏天我前往意大利威尼托地区写生，对当地的帕拉第奥风格的别墅进行了考察。数百年来，帕拉第奥的比例法则影响了世界各地多位设计师，我在大学里也感受到这种影响。当我们了解了帕拉第奥的比例法则之后，我们就可以把历史上那些看似普通实则充分体现所在地区与所处时期特色的建筑联系起来，由此梳理出建筑发展演变的脉络。

置身罗斯伯拉别墅，我把所有房间都认真审视了一遍，希望可以获得如何体现真实性的启示——在颜色运用或形状运用上的启示。当我进入一个非常特别的房间时，房间中那精妙的配色——只有数百年历史，却超前于所处时代——让我惊讶不已。我不需要了解这种配色的历史起源或灵感来源，我只希望学习这种配色以便把它推介给信任我的客户——可能是家里需要涂漆的客户，也可能是住在第五大道或公园大道的客户。

参观完罗斯伯拉别墅之后几周，我在纽约的一张长形工作台前收集起各种样本：经过上蜡的配饰、用铁丝加固的橡木配饰、新涂上石膏的配饰、发亮的乌木色配饰，这些配饰都是仿照我在旅行途中所绘草图制作而成的，我把这些配饰放到粗糙的比利时亚麻碎布与浅黄绿色、橙红色的精纺丝绒旁边。最终我选定了一种组合方案，它看上去似乎标新立异，缺乏时间的印记，却让人倍感熟悉，从某种程度上说，它还与当下有关。

一位朋友评价我的设计作品的核心张力源于"进化与创世"。在我的设计作品中，既有为了适应环境的改变与新世代的主人而在数百年里不断"进化"的房屋建筑，也有经过两年时间的设计与建造，得到全面完善，彰显深刻意义，但依然处于"进化"之中的房屋建筑。

这两类设计作品都体现出真实性。

15

负空间

凯蒂·伊斯特里奇

在视觉艺术领域，负空间是指不同实体正形之间的空白区域或空无一物的区域。在研究达达主义艺术家让·阿尔普的木浮雕作品时，我了解到如何观看空白区域，如何从虚空中想象和创造出新兴的、活跃的形式。在室内设计中，负空间存在于房间中的不同家具之间。如果设计师可以认真设计负空间，进入房间的人们会收获一种动态的浸入式的体验，人们的视线会停留在房间之中，不断发现各种物件之间的关系与并置。如果设计师可以合理安排负空间，房间中各种物件的组合会给人留下深刻印象。

负空间存在于物件与家具的表面，它可以在精心布局的物件与家具之间建立紧密联系。如果一个空间及其环境充满魅力，置身其外的人们会想要进入其中、受到保护、获得灵感、享受舒适，而置身其中的人们则会心生陶醉、流连忘返。

在我还很年轻的时候，我参加了一个人物写生课程，在那里第一次接触到负空间。我坐在绘画板前面，仔细观看人物躯干与人物四肢之间的负空间，学习如何把面前的三维人体转化为二维铅笔素描。负空间让我懂得了如何把独立的人体构件组合起来。如此解决问题的过程让我心生满足，这种满足吸引着彼时年轻的我。时至今日，我依然钟情于此，渴望一直体验这种满足。

后来我进入研究院学习，我的导师是身兼哲学家与摄影师的亨利·霍尔姆斯·史密斯，他让我明白到另一种负空间同样非常必要。从他那里我了解到耐心、时机、静止中的沉默以及暗房中的黑暗都有其价值所在。的确，在热闹活动之余留出寂静空间非常必要。

我同样需要睡眠所提供的负空间来保持自身的创造力。每天白天，我在一个繁忙的室内设计工作室马不停蹄地工作，以应对不断涌现的各种各样的问题。每天结束之时，我都希望能尽可能地完善每一个设计项目。我所做的决策，有些让我感觉良好，有些尚待进一步观察，但我从未对这些决策表示担忧。因为在我入睡之时，我的脑海中会"出现"一台微型照相机，这台照相机会查看各个进行中的项目，会360°审视各种关联，会从高低不同的最佳位置取景。通过这样的想象过程，我对项目会有更清晰的了解，任何设计图纸都无法发挥这一功效。我从中看到了可行之处，当然更多时候我看到了尚待改进之处，第二天早上我就可以对设计方案进行相应的修改。通过深度睡眠，我的思路变得清晰，我的创造力也得到保持。

在繁忙的生活中留出负空间与在设计中运用视觉或能量的负空间同样重要。无论你在做什么，如果你总是受到电话的干扰，或需要承担工作任务、家庭任务，你就不可能把其完美地创造出来。每天保持一定时间不受干扰、专心致志地工作，是对自我负责、对工作负责之人所必须遵循的原则。如果你希望获得源源不断的灵感与创造力，你就要在生活中创造并维护负空间。负空间不仅有助于你的个人发展，也有助于你的工作进展。

到一个陌生的地方走走，到一家从未踏足的博物馆逛逛，到各地的世界遗产保护区看看（我的目标是参观完所有的世界遗产保护区）——看自然的鬼斧神工，看人类的巧夺天工！每周读一首新诗，吟之咏之，念之叹之。抬头看蓝天白云，登山观旭日东升。凡此种种或壮阔或微小的经历，会让你更了解自身，会影响你与他人的相处方式，会影响你所居住的家居环境。请照看好你的负空间。

17页图：
在这一房间中，一幅由美国艺术家洛克威尔·凯特创作的油画悬挂在壁炉的上方，壁炉笼罩在一片微妙的阴影之中。前景处的座位区随处可见织物家具，包括块状图案沙发、灰褐色条纹椅、马海毛织物沙发等。一幅由美国当代艺术家约翰·辛德创作的油画悬挂在后墙上

用心观察

芭芭拉·巴里

当我在聆听你说话的时候，我也在与自我进行一场无言的对话，我在分析、对比、记录关于你的一切和你身边的一切。当你在说话的时候，我在仔细聆听，与此同时，我也被关于你的一切细节所吸引。

我会留意你的头部轮廓以及你的头部轮廓与背景处的窗户所构成的"景致"，我会留意你的鬓发是如何与你衬衫领口处的褶皱互相呼应，我会留意圆形杯子是如何摆放在与之完美配套的圆形托盘上，我会留意圆形杯子是如何摆放在你面前的正方形餐具垫上……

凡此细节都在吸引着我的目光，凡此细节都与你所发表的言论同样重要。

我似乎无法忽略这些细节，一直以来细节对我而言都非常重要。每当我进入一个房间，我总会不自觉地把倾斜的绘画作品摆正，不自觉地把书籍摆正使其与桌子的边缘平衡。我一直都这样做，甚至我自己都没有意识到这一点。如果我无法把眼前的物件按照我的标准摆好，我就难以集中注意力。

我是否为自己的这一怪癖感到自豪呢？

我的答案是肯定的。因为随着时间的流逝，我渐渐认识到我就是这样一个"怪人"，正是这一怪癖促使我开启自己的设计生涯。我渐渐发现，如果你可以充分利用让你疯狂之物并让它成为你的工作内容或者让它为你服务，那是多么神奇、多么幸运的一件事啊！因此，如果你无法摆脱某种怪癖，你可以学着接受它，并让它逐步成为你的工作内容。

每一天我都乐于发现周围世界的美。当我享受清晨咖啡时，我会细细观察盛在朴素白瓷杯中的咖啡在与牛奶融合时会产生怎样的颜色变化，每一天咖啡的颜色都有微妙差异，对此我深深着迷。当我在户外时，我会抬头凝望喷气式飞机在空中留下的白色而朦胧的弧形拉烟，眼前的景象如同一幅绘制于清澈蓝天中的极简主义现代绘画。

右图：

在这一奢华的客厅中，淡灰绿色的整体基调让人们联想到加利福尼亚州北部的冷光。在对这一地标住宅进行修复的过程中，设计师专门定制了石膏模型、比利时产黑银色相间的壁炉以及其他家具，以营造出融洽的色调与和谐的氛围

20—21页图：

下午时分，加利福尼亚州南部的灿烂阳光透射进来，让这一餐厅也变得光彩照人。专门定制的4个餐柜、4面镜子、4盏台灯分别摆放在饭厅的4面，把细纹木餐桌和由罗宾逊-吉宾斯设计的复古餐椅环绕起来。墙上挂着丹尼尔·莫宁所拍摄的照片，照片展现了一扇可眺望花园之景的窗户

对我而言，生活由一系列美好之物构成，它们虽然大小不一，但都在形态、颜色、亮度上达到和谐平衡。

一天中不断变幻的天色——清晨的天色、中午的天色、夜晚的天色——各有细微差别，相应地也能让人产生不同的心情。这种对天色细微差别的感知与认识，让我在为房间进行配色以营造特殊氛围时更加游刃有余。

对我而言，设计的真谛在于把握大小不一、形态各异、材质不同的物品之间的差异。

观察一棵树上叶子的形状，再观察这棵树的形状，进而观察这棵树在山坡上留下的剪影，这让我学会了比例与大小对比，让我学会了每一细节都是构成整体的一部分，让我学会了没有一样事物是孤立存在的。明白这一点后，我认识到在室内设计中各部分之间的互动非常重要。枕头置于沙发上会呈现怎样的视觉效果？灯罩放在沙发旁会呈现怎样的视觉效果？枕头、灯罩、沙发在房间中处于怎样的位置？枕头、灯罩、沙发如何组合搭配以营造出整体效果？

每一天，我都认真观察身边的一切，如此观察培养了我的鉴赏力，让我有望成为一位更好的设计师。在我看来，好的设计关乎细枝末节的一切，关乎可供推敲的一切。回想那个山坡以及那棵树在山坡上留下的剪影，堪称永恒而完美的组合，从不让人感到厌倦。就好比那条设计简约的黑裙子，虽然年久磨损，但依然充满魅力。又好比纽约城的洛克菲勒中心，无论时间如何流逝，始终是现代的象征。凡此种种都有着恰到好处的比例与互相平衡的组合。

仔细观察各种或持久存在，或人工制造，或自然生成之物，可以加强我的认识，让我在设计的关键流程中如有神助。

下一次当别人在说话，你却由于看到天空正变成成熟桃子的颜色而无法专心聆听时，不要担心；下一次当别人在说话，你却由于忙着思考盐与胡椒如何搭配而无法记住说话内容时，不要担忧。事实上，你一直在留意，一直在工作，只是你的方式有别于他人的方式。

对自己有如此了解，将让你一生受益。

历史

亚瑟·登纳姆

在我看来，历史在设计中所发挥的作用，主要体现在以下三方面：其一，历史长河中的设计以及设计如何在历史长河中得以显现；其二，关于设计的历史——设计如何发展、个人如何成为著名设计师；其三，我们个人的历史，这会影响我们对各种所接触到的设计元素的选择与处理。

我们从留存至今的物质遗产中，获得对古文明的了解。除了通过人类化石这一线索以外（人类化石通过展现技术的进步以揭示隐秘的历史），我们还可以通过古文物这一诞生更早、内涵更为丰富的线索，来探究古文明初期人们的生活状态。从原始陶器碎片的颜色、形状、图案可以看出，人类在满足自身的基本需求以外，还有时间把装饰元素融入日常所用之物中。这些装饰已经超越了纯粹的功利主义，而展现出设计之美。从迄今发现的所有古文明中，我们一次次地发现远古人类对装饰的迷恋。无论是统治阶层的壮丽墓地，还是古老城市的宏伟遗址，抑或普通百姓的日常用品，随处可见远古人类对装饰的迷恋。

威尼斯是世界上历史遗产较为丰富的地区之一，从中可以一窥远古人类对装饰设计的迷恋。当世界上许多地区还在相当原始的条件下苟延残喘之时，威尼斯这片土地已经孕育出灿烂的文明之花，古威尼斯人投入大量时间与财富，为不断突破美的界限做出贡献。最终，建筑在15世纪或更早时候大量涌现，其数量之庞大、样式之丰富，超越了迄今为止全世界所生产的大多数物质产品，以至于今天当我们再次重温这些建筑时，仍然会感到惊叹不已。

无论是经由无数典籍记载、众多博物馆保存的古代历史遗产，还是风格如初、鲜活如昨的近现代历史宝藏，无数例子都表明：人类对设计有着与生俱来的喜爱，人类对把美融入生活有着强烈渴望。

关于设计史上名扬天下的人物，过去已多有论述，在此不再赘述。在这些风云人物之前，肯定涌现过无数才华横溢却并不知名的人物；在更早时期推动室内设计发展的家喻户晓的人物，也许在众人眼中既是建筑师也是设计师。16世纪，安德烈亚·帕拉第奥借鉴古罗马建筑风格设计了古典建筑，把建筑外部的元素融入建筑内部。如今看来，这种对住宅而非教堂、宫殿内部细节的关注，指明了一个新的设计方向，预示着室内设计的发展前景。威廉·肯特、罗伯特·亚当的设计实践一度如火如荼地进行，持续不断地把建筑与室内设计共冶一炉，创造出细致入微、值得品酌的空间，同时代的杰出艺术家与手工艺人纷纷仿效创造出同样具有魅力的空间。这些经过精心设计的空间，旨在给观者留下深刻印象，同时彰显主人的财富、权力与地位。

随着设计进入20世纪，英国成立了装饰学会，拥有200多位会员；与此同时，美国的伊迪丝·华顿和小奥格登·科德曼共同出版了《房屋的装饰》，该书的出版是一个真正的转折点，见证了人们在审美领域的变化。该书通过倡导摒弃"维多利亚时代的繁杂"，为即将兴起的更为简约、更为朴素的设计风格开拓了道路。20世纪二三十年代，室内设计大师、建筑设计大师、家具设计大师不断涌现。这些造梦者认真研究眼前景象，并提取其中的精华而开创出新的审美格局，这种审美格局在当时显得合情合理。

时至今日，设计领域如同时尚领域，体现出我行我素、自由自在的特色。我们可以比以往任何时候都更自由地开创有别于主流、专属于自己的审美风格。为达此目标，我们可以综合运用现代的创新材料与先进技术以及对我们而言仍有吸引力的怀旧元素。学习、鉴赏、解读设计的历史，有助于我们把设计置于与之相符的语境与视角之下。

最后，我想谈谈个人的历史以及个人的历

23页图：

在位于纽约长岛的这一住宅中，那定制的地毯、配有夏布的墙面镶板、以铁和石英为材质的定制咖啡桌、20世纪70年代出品的黄铜天花吊灯，为会客区增添了和谐的氛围。墙上挂着桑蒂·莫伊斯创作的油画作品

24—25页图：

在这一建于20世纪20年代康乃迪克州的住宅中，饭厅的墙上饰有路易十六时期出品的细木护壁板，地上铺有19世纪末阿姆利则出品的地毯，二者彼此呼应。20世纪40年代威尼斯出品的枝形吊灯、大卫·霍克尼创作的油画作品、亚历山大·考尔德创作的雕塑作品，共同营造出别样的格调

史如何影响我们对设计的认识与理解。每个人的生活状态，不仅与个人的基因组成有关，也与个人的历史、经历有关。比如，如果我们从小成长在困窘的环境中，我们也许会渴望过去无法享受的富裕，也许会把所有与富裕相关之物视为炫耀与卖弄。

根据我的观察，天生具有审美品位的人可谓凤毛麟角。大多时候，人们是通过生活经历来锻炼"内在之眼"，使自己越来越懂得鉴赏的。尽管我们的个性中有更为重要的方面会对我们的人生造成影响，但千万不要低估个人的审美品位所产生的影响：它很有可能影响我们的行为方式、内在期望以及抵触之物，甚至有时候我们自己也没有意识到这种影响。

在追求时尚的过程中，我们很容易忽略了历史。但是我认为，我们今天所拥有的一切，无论好坏，都与往昔的一切息息相关。对于那些自认为对审美毫无感觉的人们而言，我想说的是：自从文明开化以来，不同形式的设计就与人类生活的内核互相联系、彼此呼应，时至今日依然如此。

相信直觉

阿曼达·尼斯贝特

我承认我从来无法清晰表达自己的设计过程，我之所以这样，是有充足的理由的。尽管我所欣赏的很多设计师在审美上都追求平衡、对称以及一系列法则，但在这点上我却有别于他们。我更倾向于相信自己的直觉。

我之所以在设计中如此相信自己的直觉，主要有以下两方面的原因。其一，我曾留学意大利，当时我学的是美术史，主要研究意大利的民族思潮而非意大利的设计艺术。居住在意大利这样一片广博而开放的土地上，我学会了尽可能地放松自己。在意大利，我曾遇到一位女士：长相在大众眼中并不出众的她，在一台淡黄绿色的黄蜂牌小型摩托车上匆匆穿上一件紫色灯芯绒运动上衣，围上一条橙色围巾，为观众做即兴表演，如此举动让我目瞪口呆。这位坚持自身品位同时乐于跟着感觉走的女士，给我留下了深刻的印象。

其二，我曾担任演员。我发现当我手握剧本时，我很自然就会变成另一个人。但是，当我即兴表演时，一切都变得困难起来。因为在即兴表演时，我进入另一个角色中去，但是，这一角色是谁，她的内心在想什么，她会有什么反应？凡此种种都需要自己时时刻刻进行想象。后来，我把这种即兴表演的技巧运用到设计中去，我开始懂得如何凭借直觉对一个空间做出回应。在我踏入一个房子的瞬间，我对这一房子应该呈现什么模样已经了然于胸；在我了解到客户的需求后，我会在直觉的基础上尽情发挥想象，最终制订出设计方案。

然而，请允许我补充一下，相信直觉与即兴表演之间有着本质的区别。诚然，有些人比其他人有着更为敏锐的直觉，但是直觉和肌肉一样，可以通过锻炼得到加强，关键在于把你的本能反应机制与记忆尤其是情感记忆联系起来。这些年来所经历的难忘场景比如那位意大利女士在摩托车上的我行我素，让我的直觉不断得到加强。无数这样的经历激发了我的设计

灵感，提升了我的鉴赏水平，共同构成了我的设计方法的核心。任何人——无论其人生观如何——都可以通过加强直觉而获益。

我在设计位于曼哈顿上东区的一座连栋房屋时，运用这种基于直觉的方法设计了客厅。这一客厅中有一扇凸窗，透过窗户可以看到沐浴在阳光中的后花园。一看到这个场景，我马上想到要添置鲜黄色的窗帘，把如此让人愉悦的阳光引进室内。我有条不紊地开展着室内装饰工作，然而就在这一项目快要完工之时，我却发现天花板上悬挂着一对金属材质、棕榈叶形状的吊灯，看上去非常笨拙，但直觉告诉我：这对吊灯可以为这一房间增添魅力。可以想见，比起正统的灯具，灯笼式吊灯或枝形吊灯这类不同寻常的灯具有一种优势：让房间充满生气，让人们浮想联翩。

我曾设计另一所位于曼哈顿的房子，房子的主人是一对乐于招待客人、浑身散发魅力的夫妇。我认为客厅应该营造出浪漫氛围，让客人置身其中流连忘返。在了解到这对夫妇对水情有独钟后，直觉告诉我应该把客厅的主题定为"午夜游泳"——在曼哈顿上东区打造出卡普里岛蓝色洞穴的场景。客厅中蓝色的丝绸墙布，闪闪发亮的地毯，长4米多、带有方格纹理的蓝色沙发，既营造出小型俱乐部的氛围，也彰显出轻柔流动的特性。如此设计，源于我一时兴起的想法，虽然与预期效果有所出入，但事实证明它是恰到好处的。

在设计中相信直觉，就可以创造"奇迹"。对此，保罗·西尔斯曾有精妙论述："这里没有技巧可言，你只需对看不见、道不明的直觉表示尊重。"（保罗·西尔斯是芝加哥第二城剧院的创始人以及舞台即兴表演课的老师）

27页图：

在这一位于曼哈顿的房子中，饭厅的整体基调为粉红色，颜色鲜艳而引人注目。墙上覆盖着洋红色的丝绸墙纸。无论是黑色玻璃材质的桌面，还是私人定制、带有精细银色抽象图案的黑色地毯，都让饭厅更为耐人寻味

设计演变

大卫·伊斯顿

纵观历史，社会动乱与政治动乱之后，设计领域似乎总会兴起一场强劲的简约运动。法国大革命之后，洛可可主义让位于严谨而简约的新古典主义；第一次世界大战从某种程度上促成了包豪斯设计风格的诞生。

当代室内设计，同样是简约运动的产物。

回望我的设计生涯，我见证了设计思潮的几度变迁。在帕森斯设计学院毕业之后，我获得了一笔游学奖学金。现代主义家具设计师爱德华·沃姆利是奖学金的评委之一，他对我说："等你游学回来后，给我打个电话。"于是，我游学回来后与他取得了联系，并在后来数年里与他一同工作。能够进入他的事务所工作，我感到非常幸运。从某种意义上说，爱德华·沃姆利的作品让我预见了未来。后来，我进入帕里什－哈德利的事务所工作，情况则与此前大不一样。合伙人之一茜斯特·帕里什非常热衷装饰，因此我总能看到各种各样的窗帘。相比之下，另一位合伙人阿尔伯特·哈德利则更关注建筑本身。再后来，我在纽约开启自己的设计生涯，彼时设计风潮趋向奢华富足：高矮不同的桌子、大小不一的灯台、形态各异的灯罩、款式不同的装饰、风格迥异的座位区。时至今日，设计风潮趋向简约，人们也喜欢一切从简。

我的客户中大部分都是有时间享受装饰乐趣的富人。我发现当下有越来越多的客户追求复古。在我看来，信息时代下的社会日新月异，身处其中的人们越发追忆"从前慢"的时光，正由于此，复古风潮才会在客户中兴起。

我从小在祖屋中长大，现在看来这座祖屋满载着 20 世纪的印记。祖屋是我祖母的房子，位于伊利诺伊州的橡树公园。房子中有一张很大的餐桌，我们一家人天天围坐餐桌旁用餐，一同度过欢乐时光。我的祖父母喜欢乐呵呵地坐在房子的前廊玩纸牌游戏。往昔美好的生活，如今早已消失。

如今人人都处于不稳定之中，人们经常从一个地方搬到另一个地方居住。住宅与办公室的意义瞬息万变。公共空间如咖啡馆、酒店、餐厅，发挥着过去客厅、饭厅甚至会议室的作用。正因如此，无论是早上 8 点还是晚上 8 点，我们常常可以看到一群男男女女在餐厅中围坐一桌洽谈工作。家居地点与办公地点之间的界限变得模糊，家居着装与办公着装之间的界限也变得模糊：10 年前，周五为休闲日，在这一天，人们不需要穿正装、系领带；如今每天都是休闲日，人们几乎每天都不需要穿正装、系领带。

如今，海量视觉信息在互联网上快速传播，这是一项重大的社会变革，为室内设计注入了更多的跨文化元素。人们可以随时了解相关的视觉信息，因而逐渐摒弃了单一的文化审美，纯粹英式家居或纯粹法式家居不再流行。现在我们尊享"无国界"的室内设计，这在某种程度上促进了折中主义的风潮。

对于设计的未来，我们唯一可以确定的是：伴随社会的变革，接下来数十年里，室内设计将以我们无法想象的方式再度发生变化。

在我看来，"为装饰而装饰"的风潮已然退去，室内设计在功能设置上应该更符合现实需求。也就是说，设计师应该思考：未来的人们是否还会住在家中？我这样说并非玩笑之话，试问有谁知道未来的生活会变成怎样？彼时人们是否还会花时间去购物和烹饪？彼时人们将如何供养和教育他们的家人？凡此问题尚待解答，但唯一可以确定的是：变革将给家居带来影响，进而影响家居的设计。

就我个人而言，我把《物种起源》的作者查尔斯·达尔文视为预言家，他在书中预言了我们当下正在经历的许多变革。1831 年，达尔文乘坐贝格尔号出发，开启了历史上有名的五年环球之旅。他之所以有如此壮举，是为了探索广阔的世界；他此行的首要目标是深入了解世界。环球之旅后，他得出结论：世界万物根据"适者生存"的法则在进化。

29页图：
在设计师伊斯顿的家里，摆放在墙角的软垫条凳延续了路易十六时期的设计风格，条凳前面摆放着砖红色的椭圆形涂漆桌子。壁炉架是一件仿制品——伊斯顿曾在意大利托斯卡纳的一栋别墅里看到一个别致的壁炉架，回来后仿制了这一壁炉架。墙上挂着4幅创作于19世纪的彩色版画，展现了意大利那不勒斯的风景和意大利的乡村风景

设计师的工作，是为客户创造环境。客户在外感受世界的丰富多彩，回到家中则希望好好爱护家人，好好欣赏自己的花园。在不断发生未知变化的世界里，在漫长绵延的人生旅途中，客户希望在家中得到美的享受，收获平和的心境。但是，当下的房屋——客户的家——正受到休闲风潮以及跨文化、多元化风格的影响，其室内设计正变得越来越小型、越来越简约。作为一位年事已高的室内设计师，我认为年轻的设计师应该深入了解当下和未来的社会语境，这种语境似乎正以光速发生变化。

那些没有留意到社会变革的设计师，在设计上会落后于时代。"适者生存"的法则不仅适用于生活，也适用于设计。在当代，那些善于应对客户需求的设计师更容易获得成功。

左图：
这是理查德·迈耶所设计的一座建筑，置身其中可眺望纽约城的哈德孙河。开阔的室内空间由以红木和玻璃制作而成的屏风"分隔"开来：精心布置的饭厅与其他区域有所分隔，与此同时，置身饭厅的主人又能把其他区域尽收眼底

整体把握

 拉塞尔·格罗夫斯

在沃尔特·格罗佩斯出版于 1919 年的《包豪斯宣言》中，他曾如此写道："视觉艺术的终极目标在于完整地创造。"作为一位设计师和建筑师，我非常乐于证明这句话言之有理。当我就读于美国罗德岛设计学院之时，我有幸涉足各个艺术领域。其中，我深深着迷于摄影、雕塑、电影摄制与时尚设计。我广泛接触了各种经典美术与实用美术，最终以建筑专业学生的身份毕业，对这一身份我感到无比自豪。

对我而言，建筑最具魅力的地方在于它把哲学、数学、科学、文学共冶一炉，最终形成一种错综复杂、高度融合的艺术形式。在学校时，我曾学过一个德语单词"Gesamtwerk"，它可用于形容我非常喜爱的设计大师如密斯·凡·德·罗、兰克·劳埃德·赖特、勒·柯布西耶的作品，主要指他们兼顾艺术与建筑领域的作品：宏大的理念与微小的细节和谐统一，最终构成完美的作品。

在设计芝加哥的罗比住宅时，赖特不仅对房屋的结构与布局进行设计，也对房屋中的家具、灯具、水龙头、纺织品、镀银餐具甚至女主人的服饰进行设计。他深知成功的设计，需要设计师进行综合考量、全面把握，需要设计师营造和谐的整体氛围。赖特曾如此写道："内部与外部之间是你中有我、我中有你的关系"，"在制订和执行设计方案的过程中，如果材料、方法、目标彼此一致，那么形式与功能就能合二为一"。

好的设计需要设计师从整体空间出发进行全面构思。如果设计师在开始之初没有考虑空间功能而直接进行空间布局，难免会在设计上出现差错。比如，也许你在客厅的布局上实现了协调美观，但是如果客厅中的家具没有得到合理安排，无法让栖身其中的人们更愿意亲密交流，一切都是白费功夫。

作为设计师，我们需要认识到所有元素都彼此联系、不可或缺。同样，我们需要认识到

右图：
这一宽敞的客厅与阳台相连，阳台周围簇拥着美景。置身其中，可以欣赏公园大道的壮阔美景。这一开阔的空间布置奢华之余不乏精湛的手工艺品。在此，主人既可以举办正式聚会招待客人，也可以享受宁静、开放的氛围

各个房间也彼此联系、不可或缺。各个房间如同一场戏剧中的各个表演者，表演者们需要通力合作，才能奉上一出好戏。设计师的审美构思、客户的期望、现实空间的特点属性与制约条件（设计师需要对此进行改造）都在设计的过程中有所体现。为了完成一个综合项目，设计师必须全面考量。

在设计过程中，我会绘制出设计平面图，与此同时，我会用心挑选并精心安排所有家具以及所有配件。艺术品散发着自身独有的魅力，可以引起不同的情感共鸣，它与整个设计项目的其他元素一样重要，因此我常常会思考：哪些艺术品可用于装饰家居？这些艺术品应该摆放在哪个位置？在我开展的所有设计项目中，建筑、室内设计、艺术总是彼此联系、密不可分。

建筑师、装饰师、室内设计师可以跨越学科界限，进行一场具有创新意味的对话，以共同探讨设计方案。在此过程中，三门学科同样重要，如何兼顾建筑、装饰、室内设计而研究出最佳设计方案才是重中之重。

如果我们身兼建筑师与室内设计师之职，我们就可以对项目进行综合考量、整体安排，这是我们的一大优势。当两家独立的设计事务所（一家是建筑师事务所，另一家是室内设计师事务所）共同合作时，二者的方案往往无法达成一致，导致最后的结果达不到预期或不尽如人意。客户如果只委托一位获得资格认证、掌握相关技能的设计师进行设计，可以减少彼此的会面次数、缩短彼此的磨合时间、降低彼此沟通不畅的可能性，进而简化整个设计过程。

《包豪斯宣言》中极力推崇让身兼建筑师与设计师的人去综合规划项目，对建筑外部与建筑内部的审美元素与功能元素进行全面把握。"建筑师、画家、雕塑家必须重新认识建筑的各个组成部分：它们既彼此独立存在，又共同构成整体，在此认识基础上，学会全面把握建筑的各个组成部分。"

近100年后，这种整体观仍然应当是每位设计师一以贯之的理想：对建筑外部和建筑内部进行全面塑造。

上图：
在充足自然光的照射下，这一开放的浴室显得更为开阔。浴室中既设有供男主人使用的盥洗台，也设有供女主人使用的梳妆台，盥洗台与梳妆台都以石灰华和胡桃木制作而成

34页图：
这一经过改造的仓房坐落于康涅狄格州的乡间，保持了原有的弥漫沧桑感的木梁和以宽厚木板铺成的地面，添置了如调酒器等一系列专门定制的复古家具，摇身一变成为一个光亮、通风、休闲的卧室。这是长居纽约城的一对繁忙的夫妇及其孩子的度假胜地

建立自信

罗伯特·斯蒂林

数年前，我开始学习骑自行车。就在我学会骑车 4 个月后，我参加了在科罗拉多州举办的五天骑行活动。那次活动可谓高强度，堪称我这一生中参加过的极具挑战性的活动之一。

在长达 80000 米的骑行路上，我需要攀登1500 多米的高坡。途中我不止一次地想要放弃，每一次我想要放弃的时候，与我一同骑行的导师就会鼓励我抛开杂念，专注于当下每一个骑行目标，"我们一起骑完第一个 35000 米，然后我们再做打算"。就这样，在导师的鼓励下，我一路坚持，完成了一项以前从未想过可以完成的任务。当完成 80000 米的骑行后，我感到精疲力竭，同时又心满意足，一种前所未有的自信与成就感油然而生。这次经历让我懂得了一步一个脚印的重要性，我在生活中、工作中也开始运用这一策略。当我着手设计一座超过1000 平方米的豪宅时也运用了这一策略，先设计一个房间，再设计另一个房间，就这样一步步完成了设计任务。那段时间我每天都有新的体验，这些体验涉及人际交往、项目进展、生活难题等，让作为设计师的我更清楚自身责任，更能建立自信。

当你充满自信地投入生活，当你清楚自己所喜欢的和所需要的，你就可以在生活中畅通无阻、一往无前。无论是选择一把椅子，还是选择一所房子，抑或选择一项投资，关键是你有权做出决定。

我天生是个果断的人，但这并不意味着我做的每个决定都正确无误。我允许自己犯错误，因此我拥有了从错误中吸取教训的宝贵机会。有意思的是，我允许自己犯错误，这反而减少了我犯错的概率。失败并不可怕，失败让我们懂得所有困难都有其解决方法。明白这一点后，很快地我在担当设计师、父亲、兄弟、朋友、社会成员等角色时变得更为自信。

向身边人学习——那些无所畏惧的人最值得我们学习。观察他们的处事方法，并把这些

右图：
柜橱前方摆放着由卡帕设计于20世纪70年代的矮脚软垫椅，这一椅子表面覆盖有强缩绒。柜橱上方悬挂着由理查德·普林斯创作于2009年的作品《无题》（*Untitled*），壁炉上方悬挂着由达米恩·赫斯特创作于2007年的油画作品

38—39页图：
在设计师位于纽约东汉普顿的住宅中，饭厅里摆放着一套由查尔斯·杜窦特设计于20世纪40年代的古董橡木餐椅，餐椅簇拥着一张以橡木和青铜为材质的定制餐桌。由法兰克·西尔拍摄的巨幅照片固定在一面墙上。照片的右边摆放着一张古旧的英式座椅，这一座椅由管状钢架和皮革软垫构成

方法运用到自己的生活实践之中。在这一过程中，我们会发现那些善于实现自我的人，始终心态开放、善于应变。畏首畏尾与不懂变通都会带来失败。设计师应该以开放的心态迎接项目进行过程中无可避免的突发情况，让项目一环接一环地顺利进行。这种开放心态有助于设计师找出新创意、新方法，设计师如果固守原有计划，则可能与新创意、新方法擦肩而过。无论在生活中还是在设计中，我们都会遇到各种突发情况，相应地，我们也能找到各种应对方法，让情况得到圆满处理，我们的任务就是找到这些应对方法。

对设计师而言，自信意味着承认自己并非无所不知，并认识到承认自己无知有助于我们发现自我、取得进步、得到发展。你无法时时想出解决方案，这很正常，关键在于你时时乐于接受各种新想法。前往那些你平日里很少涉足的领域，欣然置身新环境之中，运用触觉、感觉、嗅觉，让自己完全沉浸其中并体验点滴细节。赤脚站在地毯上，用毛巾擦拭身体，仔细研究物件，静静品读画作。专注其中，用心感受。

最重要的是，无论何时都要努力忠于内心，不要保留任何自己不喜欢的东西。了解什么是我们生活所需要的，了解什么可以让我们感到舒服，有助于我们在开展项目中取得更大成功。

总而言之，无论在生活中还是在设计中，所谓"自信"，归根结底就是寻找到以下几大关键问题的答案：它是否有其存在意义？它是否让我们感觉舒服？它是否让我们享受其中？最重要的一点，它是否让我们感到愉悦？

尊重与违背

威廉·乔治斯

相比起提出一个独立的主题，我更乐于探讨一对彼此对立又互相联系的主题：尊重与违背。我们尊重某物，是指我们认同某物的存在价值与意义，因而我们会避免去干扰某物。我们违背某物，是指我们突破限制、打破陈规。我对"尊重与违背"的主题总是充满兴趣，并努力在实践中实现二者的融合。

在开展设计项目或建筑项目的过程中，设计师需要面对"尊重与违背"的双重选择。无论这一空间是位于城市、郊区还是乡间，这一空间总是处于一定的环境之中，这一环境由现有的内部与外部结构、邻近的建筑、所处的地势、周围的景观构成。在开展部分项目时，我发现有些空间处于非常独特的环境之中，这些环境有其存在价值，非常值得修复，而这些空间的内部则可能呈现出让人惊叹的新古典主义风格或现代主义风格。在设计中，我通常采用两种策略。其一，尊重空间所处的环境，延续空间独有的特质。我在对纽约的地标建筑利华大厦进行内部修复时就采用了这一对策，让室内设计与室内结构和谐融合。

其二，加强空间的内部结构，但在家具设置上另辟蹊径，让家具从环境中凸显出来。这也是我常用的一种策略。在设计位于曼哈顿的一座引人注目的学院派连栋房屋时，我对现有的内部架构进行了修复，同时添置了非传统风格的家具。我摒弃了常见的多座位布局，代之以一张大型、环状、定制的沙发，在沙发的周围摆放各种各样的艺术品，包括巴洛克风格与新古典主义风格的古董以及当代艺术品。在我所开展的项目中，并非所有空间都处于有意义、有价值的环境之中，但上述两种策略可以适用各种环境。在设计全新的建筑或进行全新的修复时，我乐于根据自己对项目的理解与对客户的了解来创造独特的内部环境。

在与客户沟通交流时，设计师同样需要面对"尊重与违背"的双重选择。设计师需要与客户亲密接触，但是，有些客户无法清晰表达自己的期望，有些客户不愿分享其内心深处的期望，设计师的任务就在于凭直觉感知客户的需求，并为客户创造一处安居之所。比如，我凭直觉感知到一位客户非常热衷窥探别人的隐私。于是，在为他设计阁楼时，我借鉴了希腊神庙的建筑风格，在两排圆柱之间用黑钢打造了内殿（希腊神庙中用于陈列圣像的地方）；我在阁楼中设置了健身馆、厨房、浴室；我用透明玻璃打造了带有圆顶的客房，以一幅可移动的纱帘把客房遮掩起来，客人在其中的举动可谓若隐若现。客户看到这一设计后非常欣喜。我的另一位客户看似传统实则不然，我曾就化妆室的设计提出一个中规中矩的方案，但客户认为其"过于高雅"，于是我后来设计了一个带有镜子、充满洞孔的化妆室。客户总能给我们带来源源不断的启发与惊喜。

41页图：
这一位于曼哈顿上东区的房子弥漫着别样的魅力。那镜子般反光的迪斯科球让人回想起20世纪70年代的场景，那两张矮脚软垫椅上有着鲜明的斑马图案，那一幅由朱利安·施纳贝尔创作的巨型油画高高悬挂，凡此种种为这一房子增添了无限生气

设计中的心理学

巴里·戈瓦林里克

在我转入建筑行业之前，我曾是一名医科大学的预科学生，我曾梦想着成为一名精神科医生。彼时我并不知晓，心理学在设计师的工作中发挥着如此重要的作用。

每开启一个设计项目，设计师都需要与一批新客户（也可称为"病人"）沟通交流。设计师曾接受正规的建筑与设计训练，曾经年累月地与各类客户共同合作，可谓见多识广，经验丰富，因而无论在理论上还是实践中都深谙客户的生活方式与心理状态。在学校里，我们学习设计心理学，这是一门研究人们如何利用空间、如何通过空间打动人心以及生活在不同环境中的心理状态的学科。科学研究表明，好的设计可以提高人的生产力，减轻人的压力，促进家庭的和睦，甚至延长人的寿命。

客户有着不同的审美品位、人际关系、家族历史，他们对往昔住房有着深情回忆，对自身社会地位有着清醒认识。因此，当他们面对不同地方、不同物件、不同颜色、不同材质时，会产生或依恋或抗拒的感受。

设计师与客户之间应该保持亲密友好的关系，设计师需要了解客户的生活方式、娱乐方式、烹饪方式。在设计浴室与卧室时，设计师需要了解客户生活的方方面面，包括客户希望把牙刷摆放在何处这样的细节。

如同医生与病人之间会有初次会诊一样，设计师与客户之间也有初次会面。通过这次会面，双方决定是否愿意共同开启这一漫长的设计旅程。在客户决定是否雇用我之前，我会和客户进行会面，询问他们一些非常个人化的问题。有的客户对我说："我需要一个华丽的卧室，这一卧室也许可以重燃我的浪漫之心。"（我并没有接受这一委托，因为客户的要求远远超出我的能力范围）。有的客户对我说："我有一对双胞胎儿子，一个非常男孩子气，另一个非常女孩子气，你可以设计一个房间，让他们俩都住得开心吗？"我的解决方法是设计一间中性风格的房间，然后根据这对双胞胎的不同个性，添置与其个性相符的饰物。有的客户对我说："我们是重组家庭，我们需要在保持自身个性的同时共同营造一个新家。"电影《脱线家族》中就有重组家庭，人们当然有权利重组家庭。但设计师在为这样的客户设计家居时需要深思熟虑、周密规划。有的客户以为家居设计可以让所有问题都得到妥善解决，"如果拥有一所完美的房子，一切都可以尽善尽美"。请客户摒弃这样的想法，马上寻求另外的专业援助。客户向设计师描述自己的期望后，设计师需要与客户共同讨论，以判定这一期望是否符合实际。

一个好的设计师懂得如何引导客户说出自己的心声，他需要与客户交流设计方案，也需要向客户展示相关图片与图纸。了解客户所厌恶之物以及为何如此，和了解客户所喜好之物同样重要。客户需要与设计师分享所有相关的（或看似无关的）信息，这样设计师才能为客户定制新居，以满足客户的需求与期望。在这一过程中，客户越是坦诚，最后的结果越是称心。

如何分析客户提出的诉求（包括说出口的和没说出口的诉求），如何整合客户提供的信息，非常考验设计师的才能与本领。简单向客户描述其新居的模样还远远不够，关键还要向客户解释设计方案的具体内容、设计方案的实现步骤以及为何这是最佳设计方案；如果客户认为这一设计方案并不能满足其需求，大可坦率地表达自己的想法。

如同分析师那样，设计师在日积月累中赢得客户的信任并树立自己的权威。有时候，来自权威设计师最为中肯的建议，可以让客户豁然开朗。客户往往喜欢反复强调自己所厌恶之物："我讨厌蓝色，我的母亲从来不允许我穿蓝色衣服。"即便如此，也许客户置身蓝色调的房子中会容光焕发。此时设计师就应该向客户指出这一点，让客户学着接受蓝色，同时寻找折中办法。在这一过程中，客户可以更为深入地

了解自己，也可以为自己和家人营造更为欢乐
的天地。

就我的设计经历而言，有时我和客户会在
初始阶段因为观点不合而需要磨合，但当设计
项目最终完成之时，客户总会欣喜不已地对我
说："这正是我所向往的生活方式，我一开始甚
至并不知晓，你是怎么知晓的呢？"每当此时，
我总是这样回答："我通过分析知晓一切。"

右图：
一对长居洛杉矶的夫妇购买了这一位于
中央公园西大道的房子。房子经过全面
整修，添置了全新家具、全新系列的艺
术品，彰显主人作为纽约曼哈顿人的性
格特点

个性设计

大卫·曼

充满个性的家居可谓魅力难挡。无论何时，那些看上去彰显主人个性与风范的家居，都是我乐于参观也乐于欣赏的。我们从小就接受这样的熏陶：我们要乐于向别人学习，看看别人如何生活，看看别人如何通过周边的艺术、建筑、设计来丰富生活。

当谈及室内设计的个性化处理时，大多数人都只联想到室内设计的最后一个步骤——添置装饰。人们希望通过添置咖啡桌、储物架来实现家居的个性化。然而，我在此想强调的是，个性化处理应该贯穿室内设计的整个过程，包括灯具安装、门窗安装、器具安装、修补涂饰、添置装饰等。

在和潜在客户进行初次交流时，我就会表明自己在室内设计中所坚持的基本原则：我希望创造可以真实反映主人个性特点与所向往生活的家居。室内设计不应该成为设计师推销自己的工具。在室内设计中，设计师不应该重复过去刻板的设计模式，而应该针对主人做出相应变化与创新。

首先，我会亲临现场进行全面而充分的考察，观察居室周围的环境，了解居室在一天中的不同时分或不同天气状况下的光照情况，留意居室的特点和细节。然后，我会就设计方案和客户进行交流。我会提前备好满满一本图片集，里面的图片不仅激发了我的设计灵感，而且记录了我的设计想法。我向客户展示这些图片，让他们大致了解我的设计方向，无论他们是赞赏还是不满，我都希望他们能给我直接反馈，这有助于我全面而深入地了解他们的喜好。初步交流之后，我会和客户做进一步讨论，讨论的重点在于如何逐步完善设计方案，使其既能体现设计师所具有的鉴赏力，也能满足客户对家居的需求。

尽管室内设计是设计师与客户通力合作的过程，但是，设计师对客户的需求不能总是有求必应。相反，设计师应该认真考察场地特点，

悉心聆听客户心声，在此基础上结合自身的审美经验与实践经验，构思出一个合理的设计方案，让客户欣然接受并摒弃不切实际的愿望。某种意义上说，室内设计师进行设计的过程，如同演员扮演角色的过程。演员需要深入了解其所扮演的角色，如此才能与角色合二为一、融为一体。室内设计师同样需要深入了解客户，如此才能设计出符合客户个性特点的家居。这并不是说在设计过程中，客户无须参与其中。设计师需要向客户回馈每项重大决定，这样的回馈同样是设计师与客户进行交流与合作的一种方式。当设计师与客户意见统一时，双方交流顺畅，项目进展顺利。当设计师与客户意见不一时，双方则需要花时间进行磨合。无论如何，设计师应该以开放的心态面对各种意外状况。

当我初为设计师之时，我以为室内设计就是创造美的空间。后来我渐渐明白，创造美的空间，只是一个初级目标。相比之下，了解居住在这一空间中的人更让我感到欣慰。设计师越善于在室内设计中彰显客户个性，客户就越能在家居中找到归属感，把家居视为自身身份的美好象征。

47页图：

在这一门廊大厅里，涂有云母漆的墙壁、由艾尔维·凡·德·司特拉顿设计的吊灯、以黄铜和银定制而成的雕花楼梯栏杆、严丝合缝的灰色条纹状大理石地板，营造出别样的氛围，让人难忘

48页图：
墙上挂着由保罗·桑迪创作的两幅《无题》（Untitled）画作，奠定了这一奢华客厅的整体基调。客厅中的两张棱角鲜明的绿革单人沙发和两把线条柔美的俱乐部椅子，其色调都与画作的色调统一协调。壁炉的四周镶嵌着金箔色的玻璃瓷砖

探寻过去

苏珊娜·塔克

在开启一项新的设计项目时，为了深入了解客户，我需要提前询问各种问题。在正式开展设计项目的过程中，为了给客户打造独一无二而持久耐用的室内设计，我需要询问更多的问题。最初，我会询问以下问题，以此大致了解客户的生活方式：他们的日常生活状态是怎样的？他们的日常生活习惯有哪些？他们希望享受怎样的生活？然后，我会询问更为具体实际的问题：他们会在家做饭吗？他们睡觉时需要熄灯吗？他们有考虑养宠物吗？他们是否有一台三角钢琴？透过这些问题，我可以了解到客户更为隐私的一面：他们的往昔记忆。是否有什么设计风格可以让他们回想起小时候的家？是否有什么颜色可以让他们产生联想？是否有什么东西可以让他们产生共鸣？是否有什么氛围是他们希望在新家中延续的？

平日和客户交流的过程中，我除了担任设计师、装饰师、咨询师以外，有时还会担任侦探、心理学家、婚姻顾问、知己朋友的角色。在如此多的角色中，我认为考古学家是最为重要的角色。设计师应该倾情出演考古学家一角，充分了解客户的个性特点，深入挖掘客户的往昔记忆，让客户的人生历程在家居中得到全面展现。

除此之外，设计师也应该全面剖析自我，深入挖掘自身的视觉记忆，充分认识自我在历史和文化领域所能产生的影响，这同样重要且具有更为深刻的意义。根据弗洛伊德的理论，人的童年记忆将影响其日后的行为。我认为这一理论同样适用于设计师。作为富有创造力的个体，设计师的设计同样受到往昔视觉记忆与情感记忆的影响。设计师的空间思维、敏锐触觉、对颜色的感觉、对香气的偏好、对古董的好恶、过往的身份、当下的身份，凡此种种都可以追溯到童年记忆。

在追溯往昔记忆的过程中，我们从小生长的地方是一个至关重要的元素。我在加利福尼亚州蒙特西托的成长经历，深刻影响了我的设计理念。我无数次地发现，蒙特西托的环境在不经意间竟如此深刻地影响了我对家的理解：威严的建筑、讲究的花园、迷人的香味、梦幻的光亮。往昔的种种片段已然深入我的灵魂：在上学路上看到的四叶饰窗户，在茶屋品尝午餐时看到的帕拉第奥式拱顶，在朋友客厅里看到的沙龙风格的巨幅落地艺术品，平常看到的铁门的纹理以及用手抚摩铁门时的触感……我可以想象出各种各样的颜色，比如当海浪从沙滩退回时海浪与沙滩交融的颜色，比如当太阳在一年特定时节下山、当加州漫山遍野的丁香花盛放时，群山所笼罩的柔和紫色。这些记忆都是具体而个人化的。

设计师的设计风格往往与其家庭背景有所联系。就我的个人经历而言，父母的休闲方式、母亲对花园的喜爱、家中每日更换的鲜花、家中的黑白棋盘地板、餐桌的摆放方式、餐盘的风格款式……凡此种种都影响了我的设计风格，并存储在我的视觉记忆库深处，需要之时自会发挥作用。

作为设计师与考古学家的我们，如果可以挖掘与理解自身的童年经历与视觉记忆，一定有助于我们发现真正适合自己的设计风格，这种功效是任何流派典范、课本知识或设计实践都无法达到的。一位见多识广的设计师，同时也是一位视觉翻译，其设计应该源于对自我的认识。学习经历与人生经历丰富的设计师，其设计作品会得到升华，不再只具有装饰性，也具有深层意义与个性特色。打造全面而精深的设计库需要经年累月的积淀。然而，设计师通过探索内心、追溯往昔，可以挖掘出深层的感情记忆，可以更为了解自我的角色，可以开创属于自己的设计方式与创造方式。所有我有幸与之成为同事或与之成为朋友的顶尖设计师，其设计风格可能有所不同，其鉴赏眼界可能有所差异，但无一例外地他们身上都有着

51页图：

由古斯塔沃·拉莫斯·里维拉创作的油画《维斯卡》（*Visca*）为客户的这一端增添了浓烈的色彩与幽默、现代的气息，否则这里将一片宁静。油画前摆放着一张大理石八边形餐桌，这一餐桌由已故的迈克尔·泰勒为南希·多拉尔所设计，餐桌周围摆放着从阿尔伯特·哈德利拍卖会上购入的一对摄政式风格的椅子以及这对椅子的复制品

考古学家的特质，对世界万物充满好奇，对往昔记忆孜孜探求。对于作为设计师的我们而言，这种好奇如同与我们相伴一生的老师，持续不断地培养我们的创造力。我们的设计承载着对过去的回忆，对当下的记录以及对未来的期待。

右图：
置身这一客厅，可以眺望从东湾到金门大桥的旧金山盛景。户外的水色与天色映射进来，客厅仿佛也笼罩上一层色彩。客厅中的米色基调，让人联想到当地经常出现的雾天，有效地平衡了空间

创造价值

斯科特·萨尔瓦多

一所经过精心设计的房子总是充满故事，但与此同时，这所房子的故事不足为外人道也。房子见证与记录了主人的生活。正如时尚服装只与身穿服装的人们互相契合一样，房子也只与居住其中的人们互相契合。对于其他人而言，该房子的价值大多在于赏鉴。

正因为房子如此舒适、如此个人化、如此深刻反映主人的生活，所以房子才无比珍贵。想象一下，你坐在与自己身形贴合的椅子上，放眼望去，周围都是你旅行途中淘来的藏品、你往昔曾经阅读的书籍、让你赏心悦目的艺术品，而墙上也是你喜欢的颜色……完美人生，大抵如此！

房子中的一切都为主人定制、都为主人专属，如此方能体现房子的价值，如此才是室内设计的最高境界。为了达到这一境界，设计师必须对每一件艺术品、每一件工艺品、每一门技艺有深入了解。毛毯、地毯、古董、饰物、窗帘、灯具、复制品、绘画作品，凡此种种都是设计师所必须了解的领域。除此之外，设计师还需要对其他多个领域有所了解。

室内设计如同一件艺术品，既要体现客户的个性与风格，也要体现设计师的个性与风格。设计师与客户经过常年合作，创造出专属于两人的设计语言，如此才有可能成就最佳室内设计。设计师与客户之间的合作越是深入顺畅，最后出来的效果越是让人满意。但是，设计师必须掌控全局、运筹帷幄，在设计实践中考虑与满足客户的需求与期望。

设计师与客户之间的关系，很像文艺复兴时期的艺术家与赞助人之间的关系，设计师需要在客户的赞助与引导下创作艺术作品。然而，正如绘画作品只能由画家一人执笔一样，室内设计也只能由设计师一人操控，合作并不意味着设计师与客户共同参与设计实践。室内设计的价值，在于设计师善于对客户的喜好、需求与期望进行巧妙的处理与实现。

对于室内设计所涉及的众多技术元素，设计师并非无师自通，而需要通过学习有所了解，这些技术元素蕴含着价值，甚至是很高的价值。尽管设计学院为学生提供了关于装饰艺术及其他设计领域的重要背景知识，但是与室内设计相关的重要技术元素大多不是在学院中习得的，而是在资深设计师门下当学徒的过程中习得的。在这一过程中，我们了解到桌子的合适高度、椅子的合适高度、沙发的合适比例、枝形吊灯与桌子之间的最佳比例与高度差。杰出的时尚设计师侯司顿也许可以一刀剪裁出一条裙子，但是没有人一生下来就懂得剪裁服装，正如没有人一生下来就懂得为家具装上软垫、用模板在地板上印出图案、为墙壁上釉一样，所有技艺都需要学习。

设计师需要多年的经验积累，才能掌握必要的技术知识与实用知识，由此在装饰房子的过程中融会贯通、全面把握。大多设计师不希望听到的评价是"平易近人""低调朴素""适于居住"，设计师真正希望听到的是一声惊叹。经过月复一月、年复一年的设计与装饰，当一所房子最终完工时，无论其风格是简约还是纷繁抑或随意、不拘一格，都可与客户完美契合。这对于客户而言，才是最为珍贵的价值所在。

55页图：

这一位于新泽西州皮帕克格莱斯顿的宅第，建于1900年前后，弥漫着浓郁的历史气息。宅第坐拥38个房间，其中的观景房面朝湖泊。豪华的红色窗帘在柳条椅子的映衬下显得亲切可爱，这种柳条椅子常见于小酒馆中

追求完整

肖恩·亨德森

我对客户总是心怀敬畏，他们是推动社会发展的风云人物。现在的客户比以往任何时候都要忙碌，因此我在室内设计中总是追求平衡与秩序，旨在让置身其中的客户收获心灵的平静。由于"感官超载"的现象相当普遍，作为回应，设计界减少了巴洛克风格在室内设计中的运用。

我们可以根据家具数量的减少，来感知这种从奢华到简约的风格转变。理论上，家居物品的减少，更有利于主人保持平和心境。实践中，创造家这样一个避风港，需要综合考量、全面把握而非简单地做减法，因为剩下的每一物件都要蕴含更为丰富的意义。

也许正是出于这样的考虑，时至今日，我依然对一张边桌心心念念。在我开展的一个需要保密的项目中，边桌这一由不知名人士所制作的桌子衍生物，成了我的好助手，帮我解决了边界问题。但是，我原本可以有更好的方法来解决这一问题：我原本打算在后来摆放边桌的地方配上两件套中的一件，或者请一位值得信任的手工艺人借鉴原物定制家具以满足客户的需求。

我把追求完整比喻为"听到声音"。在我探究一件物品是否可以传声时，我回想起在互联网兴起之初我在纽约创业的往事。尽管今天的设计师可以足不出户就搜罗到各种商品。但是回想当年，设计师往往需要前往展销店去搜罗各种商品。看到设计师大驾光临，那些友善的商家会向设计师提供各种信息。我至今仍然记得商家是如何热情地介绍一件藏品在设计上借鉴了哪些先例，在生产上遇到过哪些难点，以及他们是如何虔诚地照看那些古董遗产。正是出于保持商品完整性的考虑，商家才会如此热情地告诉我藏品背后的故事，才会如此虔诚地对物质文化进行全面管理。

同样地，我与之合作的手工艺人也对手工艺保持着持久而密切的关注，他们对原材料的

尊重，让我们重新审视当下自己所处的更为宏大的世界。在与之交流的过程中，我了解到一件物品的历史渊源往往可以让这件物品在市场上备受青睐。

成本或出处并非衡量完整性的指标。设计——无论室内设计还是家具设计——是一个改善生活的过程，各行各业的人都应该有机会享受设计这门智慧型艺术。我总是为那些通过另类方式锻造材料而制成的商品感到惊叹不已，这些商品设计新颖、价格实惠。这些商品的设计师，总是满怀热情地描述一个个让人惊叹的设计瞬间或一段段马拉松式的设计历程。当然，并非所有这些商品都能在视觉上给人以震撼。但是，即便是朴素、低调的商品，都承载着一定的设计理念与制作故事。而同一个故事，在不同人的叙述里也会有所差异。

对于那些通过另类方式锻造材料而制成的家具与装饰，我们同样需要周密考虑。如果一件物品本身具有完整性，那么设计师安排组合这些物品的过程同样需要体现完整性。

在我的设计实践中，出于保持物品完整性的考虑，我会采取谨慎的态度。也就是说，我要确保每一独立存在的元素都与周围的建筑环境和谐统一。我曾对一座位于科罗拉多州的住宅进行设计，这一住宅弥漫着极简主义风格，其中的家具和纺织饰物与循环再用的木材彼此呼应。我曾对一座位于康乃迪克州的仓库进行改造，在这一仓库中可以看到各种构件细节，提醒人们这一建筑的原有功能。添置与建筑看上去互不相融的物品，可以营造全新的氛围；添置与建筑互相和谐的物品，可以让置身建筑之中的人感到这是一个井然有序、安全舒适的空间。

当面对两件物品时——一件具有实用功能，一件体现客户品位，我会选择那件与建筑和谐统一的物品。当面对两件同样具有实用功能、同样体现客户品位、同样与建筑和谐统一

57页图：
在这一位于城市高空的住宅中，线条柔美、褶皱起伏的通透窗帘与线条硬朗的沙发和长椅互相并置，构成有趣味的对比。专门定制的咖啡桌与由雅克·阿内设计的边桌和谐搭配

的物品时，哪件物品的广告做得好，我就选择哪件物品。在我看来，坚持以这两项标准来考察物品，是室内设计师把设计从服务范畴提升到艺术范畴的方法。

大概也是因为如此，我才会心心念念那张边桌。回想当年，我决定运用边桌这一小型配件，它既具有实用功能，也体现客户品位，同时与建筑和谐统一。但是，这一边桌看上去太朴素、太低调了。

诚然，其他专业设计师也许并不像我这样看重一件物品是否可以引起客户的共鸣，是否可以与建筑和谐统一。但是，正如室内设计领域的简约风潮将发生重大变化一样，追求完整性的风潮也将在室内设计领域蓬勃兴起。无论我们把"意义"称作什么——叙述、声音、真实、血统、灵魂，可以确定的是，我们比以往任何时候都更渴望创造意义！我们渴望创造意义与我们渴望入住安宁住宅，都是出于同样的内在冲动。具有完整性的物品都是经过周密构思与精心制作的，只有少数人可以享用这样的物品——它们是改善单调生活的有力"武器"。

右图：

在这一客厅中，满目都是制作精美的纺织物。两张由沃德·班尼特独创的旋转椅覆盖着青灰色天鹅绒，沙发是专门定制的。由斯蒂尔诺沃设计的复古枝形吊灯、由卡斯特设计的边桌为这一空间增添了格调

生活中的"老师"

维森特·沃尔夫

下图：

在这一位于纽约韦斯切斯特的房子中，由椭圆形木块组合而成的屏风，把厨房与客厅分隔开来。由维奈·潘顿设计的S形椅子摆放在餐桌的四周

61页图：

在这一设计新颖的客厅中，富有情调的蓝色棉缎俱乐部椅摆放在印有动物图案的软垫椅旁。人造卫星造型的天花吊灯、3盏刻有复杂纹样的烛台，为客厅增添了如同落日余晖般的柔和光芒

观看，不仅需要我们睁开眼睛看，也需要我们有意识地去欣赏眼前的一切。当阳光透过树叶的缝隙，呈现在眼前的是一道诗意的景象：绿叶的阴影洒落一地，微风吹过，摇曳多姿；树枝的阴影彼此交错，深深浅浅，影影绰绰。这一刻，简单地观看动作演变成为灵感乍现的瞬间。我们在阳光中、阴影中、大树的颜色中进行颇具仪式感的呼吸，在这一过程中，我们体悟到这一景象的精髓所在。

我们中的许多人总是习惯于无视周围的一切。我们把时间都用在完成多项任务上，我们在视觉世界中流连忘返以至于忽略了眼前所见。我们周围的一切都对我们产生着深刻的影响。有意识地发现这些影响，可以提升、改善我们的生活。

不言而喻，我的设计生涯是以我对审美的敏锐触觉为基础的。我从很小的时候就开始关注周围的一切。正因我与周围的物与景处于一种互动联系之中，因此我的生活变得更为丰富多彩。旅行经历总是让我获益匪浅，寻常人家的生活、异域弥漫的风情同样让我印象深刻。埃及圆柱让我懂得了大小对比与均衡比例，周末度假小屋旁边沙滩上的鹅卵石也在不断拓展着我对灰色与灰褐色的认识。

在设计的过程中，我常常放下手中的笔，走出工作室，到户外散散步。每当此时，我都会以开放的心态迎接周围的一切——任何可以激发我灵感的东西。我在设计位于上东区的一座连栋房屋时，在地毯的图案设计上借鉴了地下水道井盖上的格子图案；我在设计位于巴黎的一间公寓时，在颜色的搭配上参考了百货商店橱窗中的巴黎世家品牌舞服。在看到建筑临街正面上的石刻后，我可能会尝试在饭厅中设置一道带有纹理的墙；在看到纽约城人行道上的一个水坑中所倒映出的摩天大楼后，我可能会尝试在设计中运用另一种表现形式。凡此种种灵感迸发的时刻，都发生在我的散步途中。

这种观看世界的方式并非设计师所专有。任何人都可以尝试专注于日常生活中让人惊叹的细节，但在此之前我们必须达成这样的共识：我们周围的一切，都可以成为我们的老师，都可以让我们有所获益。如此一来，整个世界俨然一间教室，我们每时每刻都在上课。我们所看到的和所遇到的一切，都让我们收获宝贵的学习体验。当我们以开放之姿与好奇之心一步步靠近世界时，我们自己也无法预料最终会抵达何处。

提升品位

大卫·克莱因伯格

解释"品位"的审美意义，就如同形容氧气的颜色一样困难。品位，在不同人的眼中有着不同的内涵，在不同的语境下有着不同的意义，而且它还受到社会风潮与时尚风潮的影响。尽管如此，如同绝对音感那样，品位是我们在不经意间觉察到的一种恒常的审美标准。

古希腊人是如何创造一种迄今为止依然备受推崇的建筑秩序的？尽管伴随着工业革命与技术进步，我们身边的一切都发生着变化，但是，一间比例协调的房子依然让人感到愉悦，一根多立克式圆柱依然象征着高贵与稳定。当然，当伊迪丝·华顿和小奥格登·科德曼于1897年出版《房屋的装饰》时，他们对所谓的"好品位"与"坏品位"提出了具体的评判标准。他们所阐述的"好品位"有多少依然适用于当下？是否每一种品位都有与之对立的品位，比如街头风与宫廷风、先锋派与保守派？

我一生都在探索"品位"那难以定义的概念，即便如此，我依然难以全面定义"品位"或从数量上衡量"品位"。品位不应与风格混为一谈。相比之下，定义风格较为容易。风格关乎对时尚风潮与经济状况的清醒认识，同时关乎对传统规范有意无意的无视。风格是持续变化的，品位是恒久不变的。尽管我已经在此提醒各位，然而我们所栖息的世界充满着各种选择、充斥着各种观点、遍布着各种合理解释，因而我们很容易迷失其中而无法分清二者。不过话说回来，这种种选择、观点、合理解释是否真实存在呢？

我一直对自己的品位很有信心。对我而言，审美感觉是生活的必需品，我希望可以引导别人认同我的这一观点。"好品位"可以让人产生合适、舒适之感，因此，我始终相信"合适、舒适"是提升生活品位的终极目标。

何为合适？何为舒适？何为可以接受？每个人都有着各自不同的理解。正因如此，每个人都对"好品位"有着各自不同的精彩见解。为年轻家庭设计的城市住宅与为退休夫妇设计的海滨度

假屋有着巨大差异；顺应正统规范生活的住宅与顺应随心所欲、波西米亚式生活的住所有着鲜明对比。无论客户追求何种生活方式，只要设计师在室内设计中遵循"合适、舒适"的原则，客户的住宅就可以体现出好品位。一切就是如此简单。

尽管我从来不支持任何一种完全折中的审美理念，因为我发现这样的审美理念会导致无法预料的视觉效果，但是我始终相信，如果一种审美理念让人感觉舒服，最后出来的视觉效果也会自然舒服。只要设计师拥有敏锐的目光，就可以审视与修正自己所选择的一切。就像一位天生通晓各式香料的厨师一样，设计师从比例、材质、颜色等方面去审视一个场景，进而营造出和谐的氛围。内耳可以让我们保持平衡，同样地，内在品位也可以为我们创造视觉的平衡与和谐，这种和谐既出于自然，也有迹可循。

我在与阿尔伯特·哈德利、茜斯特·帕里什共事时收获了无穷的乐趣。两人的品位很能引起大家的共鸣，两人总能在潜移默化中感染身边的每一个人。阿尔伯特·哈德利学识渊博，通过文字和草图就可以阐明自己的观点，展现有品位环境的构成要素。茜斯特·帕里什则推崇直觉，她无法解释为何一个空间恰到好处，正如她无法解释如何制造宇宙飞船一样。但是，她的直觉总被证明行之有效，每个人都欣赏那些彰显她品位的设计方案。这两位伟大设计师有着各自独特的风格，也有着各自明确的品位。

我们都知道"情人眼里出西施"的谚语，但是我们的眼睛是由肌肉控制的，因此眼睛也需要锻炼与长期使用。戴安娜·弗里兰认为：眼睛需要旅行，观看必然带来认知。我非常认同她的这一观点。现在你应该了解到：品位是我们内在的"第三只眼"对外部的一系列影响——包括政治影响、经济影响、技术影响——进行删减、调整、编辑的结果，此乃品位之要义所在。相信我，当你掌握了品位的"正确打开方式"之后，你就会理解上述言论。

右图：
这一卧室位于曼哈顿上东区，卧室中由格雷西手绘的墙纸与银色闪亮的地面，折射出充足的阳光。由迭戈·贾柯梅蒂设计的椅子与由罗伯特·梅普尔索普拍摄的照片，为这一空间增添了魅力

内心的召唤

罗伯特·帕萨尔

我在室内设计领域的第一次探索之旅，始于我在纽约州首府奥尔巴尼读大学一年级之时，彼时我和四名室友住在校外一所非常狭小的房子中。由于痴迷抽象艺术大师杰克逊·波洛克的作品，我在深色木镶板上喷涂蓝灰色颜料，由此把木镶板"隐藏"起来，接着我又在墙上喷洒黑白颜料。就这样，年轻无畏、灵感迸发的我第一次有机会"疯狂"一把。

毕业以后，我读到了茉莉亚·卡梅伦所著的《艺术家的方式》（The Artist's Way），书中通过 12 节课为创意人士指点迷津、开辟道路。这本书让我很受启发。和很多年轻人一样，我一开始从事的是一份索然无味的工作，我尝试在工作的过程中发现我的理想人生方向。在参与卡梅伦所开设课程的第五或第六周后，我了解到自己需要往哪个方向发展。学生时代曾经历的内心的冲动与渴望开始积聚并不断壮大，最后我唯有听从内心的召唤与卡梅伦的建议。在短短几天里，我注册加入了纽约时装技术学院所开展的室内设计项目，获得了与行业领军人物约翰·罗瑟里一同工作的机会。就这样，我义无反顾地投身室内设计领域。

在我的设计事业刚刚起步的几年里，我一如既往地听从内心的召唤。我越来越相信：在进行室内设计之前，对主人有全面深入的了解非常必要。室内设计确实是非常个人化的，我也非常自豪可以在室内设计中进行个性化的表达。好的设计，可以映射出我们内心深处的渴望、未经开发的能量、崇高的个人志向以及个性化的视觉语言。这种个性化的视觉语言经过用心锻造而成，可以通过各种方式引起客户的共鸣，甚至设计师也无法完全理解这种共鸣方式。一套住宅不仅是一个实体空间，它更是一个生活大纲，引导、鼓励、启发我们度过热情洋溢的每一天！

就我的个人实践而言，我一开始会在公共场所或客户家中与客户进行沟通交流，由此与客户建立起合作关系。在此之后，我会让客户填写一份问卷调查，这份调查包含 25 个问题，其中包括：他们童年时期的卧室中有什么让他们情有独钟的？他们使用的是装有 Windows 系统的电脑还是装有 Mac OS 系统的苹果电脑？他们喜欢圣巴茨岛还是圣彼得堡？我所设置的每一个问题，都是为了让我的设计团队可以从客户的真诚答案中对客户有全面了解，对客户所钟情之物有具体把握。最微小的细节也可以影响设计团队的决定，最微小的细节也可以为细致入微的空间注入活力。

单纯向客户推荐某种设计风格还远远不够，无论这种设计风格可以带来多么赏心悦目的视觉效果。成功的设计师，需要在与客户的沟通交流中不断调整设计方案，需要把客户的期望转化为现实——在室内设计中把客户的热情期望与设计师的直觉感受结合起来。在这一过程中，设计师挖掘出客户内心深处处于"休眠期"的本能渴望，并以此为依据，满怀热情地探寻与收集各种设计方案与装饰方案。

我们只需在做每一件事时都听从内心的召唤，我们就可以改变生活，有时我们甚至没有意识到这一点。正如卡梅伦改变了我的生活一样，我也希望我可以给客户的生活带来哪怕一点点的改变：通过添置装饰墙布，让客户在经过通道时驻足停留；通过添置奢华窗帷，让窗外的中央公园盛况更为凸显，让窗外的初春繁花之景更为夺目。

设计是人们与生俱来的技艺，如果得到合理运用，设计可以展现人们的兴趣爱好与情感思想。只要时刻关注那些让你钟情的事物，你也可以成为一名"设计师"。

67页图：

这一住宅位于纽约上东区，在设计上融合传统与现代，是对过去的致敬，也是对当下的记录。住宅中随处可见米色与巧克力棕色，艺术作品与饰物配件则呈现出较为鲜艳的颜色

内心的渴望

斯蒂芬·西尔斯

从小在俄克拉荷马州长大的我，总会被那些我无法理解的物象所吸引，并致力于探究那些物象。从童年开始，我就对艺术家和设计师很感兴趣：比利·鲍德温、塞西尔·比顿、查尔斯·塞维尼、弗朗西斯·培根、赛·托姆布雷。彼时我们远在达拉斯的世交正委托比利·鲍德温进行住宅的室内设计。可以说，我在很小的时候已经与设计师有所接触。大概在16岁或17岁，我发现查尔斯·詹姆斯的作品极具天才气质，让我备受启发。我的一个朋友在设计事务所工作，我前去探望他并参观了菲利普·约翰逊所设计的房屋。这一房屋既充满魔力，又奇怪另类。步入其中，只见维多利亚风格的大型家具覆盖着深紫色天鹅绒，大门覆盖着丝绒。我此前从未见过如此设计，它是如此巧妙、如此精致、如此突破常规，极大地激发了我的想象。

尽管如此，我总是努力开创属于自己的风格。我大学毕业后在欧洲待了三年，那三年既有挣扎，也有痛苦，更有对创意的追求。我总是苦苦思索、努力探索：如何才能让这一空间变得独特而美观——人们此前从未见过的独特与美观？这一通往未知世界的探索历程，直到我年近40岁时才终于"修成正果"：彼时奇妙的事情发生了，我发现让空间变得独特而美观不再是一件难事，而变得和骑自行车一样简单。

现在每当我开启一个新项目时，为了与客户沟通交流，我总会询问客户一些常规问题：他们对自己在这一住宅中的生活有何期待？他们希望如何生活？他们希望收获怎样的感受？客户有着各自不同的个性，因而也有着各自不同的答案。但在我内心深处，我总希望可以让客户了解到他们心中更为远大的抱负：不是他们今天想要什么，而是他们5年后想要什么，也即他们心中真正的渴望。

我从客户的言论中挖掘出有意思的内容。比如，有客户说："我不喜欢印花图案，但我可以接受藤蔓图案。"于是我向客户提供他们所希望的图案，与此同时，我说服他们接受我的方案——以更为高级的方式呈现藤蔓图案。"这一经过加工的亚麻布天鹅绒上的藤蔓图案是如此美丽，装饰在墙上一定非常美观！"我需要从客户的心理出发来说服他们，这一说服的过程非常缓慢，可能需要持续好几个月。

又比如，在对一块钉满样张和布料的布告板进行改造时，我兼顾客户的需求而制订出新的设计方案。客户看到经过改造的布告板时可能会略感担忧，因为这不符合他们当下心中所想。不过，由于我对这一布告板进行了分层装饰，也就是说我的设计方案并没有一下全部呈现，因而并没有让客户觉得完全无法接受。渐渐地，我和客户的沟通更为密切，我们共同讨论选择何种颜色、家具、纺织物。在我的内心深处，我知道自己最终想要达到怎样的视觉效果，但是具体的实践则是一个循序渐进的过程。正如戴安娜·弗里兰所说："不要给客户提供他们当下想要的，而要给客户提供他们未来想要的，只不过现在的他们尚未察觉。"当室内设计完工之时，你会看到客户眼中闪烁着光芒：这一刻，他们终于理解了你的设计方案。

我曾在俄克拉荷马州的塔尔萨从零开始设计一座房子，客户比较特殊，是一群热衷收藏抽象表现主义作品的收藏家。这座房子是一座平房，邻近有开阔土地有待开发利用。房子中悬挂着客户所收藏的马克·罗斯科、莫里斯·路易斯、赛·托姆布雷、琼·米切尔的巨幅作品，从天花板垂到地板。

客户对新居唯一迫切的要求是要有很高的天花板，以便更好地展现他们的艺术藏品。最后，我为客户所设计的新居的高度远远超出了客户的期望，天花板也具有非同寻常的高度——足足有7米多高！新居不大，却让人感觉舒服。我先从客户的藏品出发进行规划（让藏品有机会得到充分展示），而后开始收集古董

69页图：

这一卧室位于中西部的一座住宅中。在这一卧室中，印有手绘图案的亚麻墙布，营造出时尚而宁静的氛围；带靠背的长椅、弥漫着20世纪20年代风格的法式椅子、借鉴古董鸟笼设计而成的带华盖大床，占据了卧室的中心位置；壁炉定期为卧室供暖

家具。这一房子的风格会让人联想到胡·纽威尔·詹克布森所设计的一所房子的风格：白色石砖，巨型窗户，墙上爬满了常青藤。

我在为这一房子添置家具的过程中，首先购买了一张巨型毛毯，这张毛毯后来成为客厅中央的装饰品。我还购买了一条产自 17 世纪威尼斯、上有靛蓝与红色图案的地毯，这一地毯虽然看上去有些怪诞，很像美国出品的碎呢地毯，但当它"进驻"这一空间后，它就成了一件不可或缺、引人注目的装饰品，为房子注入了现代艺术气息。

我希望每个设计项目都可以达到最佳效果，为此我不断说服客户追求品质。装饰品不需要昂贵，但装饰品的材质需要体现出真实性。无论这一装饰品是一个朴素的篮子还是一尊金漆铜像，都需要真实反映客户内心的期望。保持材质的真实性与物品的纯粹性非常重要。

当客户内心的渴望得到实现之时，除去好品位以外，客户还可以收获更多：客户每天的家居装饰活动会变得更让人愉悦、更富于想象、更具有意义。室内设计也由此升华为高雅艺术，达到其所应有的高度。

右图：
这一位于纽约北部的住宅，弥漫着英国乔治王朝时代的风格特色。其中的雪茄房装饰有一系列描绘土耳其贵族的肖像作品。雪茄房中的金色基调和背景光营造出柔和的氛围，为人们晚餐过后的亲密交谈提供了绝佳场所

新的视角

本杰明·诺瑞尔葛·奥尔蒂斯

创意的诞生，很大程度上取决于你观看事物的方式以及你个人的视角。

你是否试过赞赏一个设计方案，仅仅因为它让你感觉熟悉，而你却不记得具体在哪里见过它？如果你仔细研究菲利普·斯塔克的设计作品，你会发现其中大部分都关乎从截然不同的视角观看事物，比如他设计的榨汁机：在一只玻璃杯的上方，榨汁机凭借三条"腿"自己站了起来。我们眼中的创意设计，其设计者都以开阔的眼界、多样的方式，去发现观看事物的新的视角。

在室内设计中，建筑与装饰是否和谐融合，设计师是否懂得以新的视角观看事物，直接决定设计是让人赏心悦目还是具有革新意义。比如，如果客户打算在客厅看电视，但客户很有可能看着电视就睡过去了，那设计师为何不在客厅设置一张床呢？如果客户打算和朋友、孩子一起在卧室看电视，那设计师为何不设计一张 2.5 米宽的床垫，让每个人都可以舒适地看电视呢？或者更为激进地，设计师为何不在卧室中只设置一张大床呢？如果我们在设计中把各个房间（以及各个房间中的标志家具）的标签与功能通通摒弃，住宅会变得更为宜居、更为让人愉悦。我们所需要做的就是转变视角。

在饭厅的设计中，人们越来越喜欢以长凳取代椅子。之所以出现这种现象，也许是因为人们觉得一把把椅子看上去过于杂乱，也许是因为客人希望彼此坐得更近，也许是因为饭厅中没有足够的空间让客人坐到独立的椅子上。为此，椅子在形态上发生了变化，但在功能上却一如既往：椅子转化为一个单一的水平面，为桌旁的人们提供座位。翻阅夏洛特和皮特·菲尔的著作《1000 把椅子》（*1000 Chairs*），你会发现关于座椅的 1000 种不同的视角。

如果摒弃条条框框的限制，设计师就可以从新的视角出发，对厨房——住宅中最能体现实用功能的空间——进行改造。如果客户只在

右图：
如果选材得当，白色是室内装饰的绝佳颜色之一，尽管这在某些人看来与直觉相悖。在这一位于巴黎的临时公寓中，所有的家居用品的外罩包括枕头的蒙古羊皮套、巴塞罗那沙发床的皮革套等都可以进行干洗

在这一充满阳光的客厅中，家具所呈现的不同轮廓彼此协调，形成一种有别于传统的座位安排方式。宽大的半透明窗纱，让原本猛烈的西部阳光变得柔和。涂有白漆的地面反射出阳光

烹饪的过程中使用冰箱，那么冰箱是否可以放到其他房间呢？如果客户把食物放进烤箱要一两个小时后才把食物取出来，那么烤箱是否有必要放到如此显要的位置呢？毕竟客户又不需要做烹饪示范，当然如果客户需要做烹饪示范，那么设计师就要再次转变视角，对厨房进行新的改造。比如把火炉放到厨房中心处的独立灶台上，在灶台周围摆放多张凳子。设计师可以重新安排厨房的各个组成要素，让厨房在保持实用功能的同时变得更为有趣。

颜色同样需要周密安排。我认为在设计儿童房或宠物房时采用白色衬垫最为合适。这听上去似乎与直觉相悖，但是如果你认真想想，你也会认同我的看法。白色衬垫可以漂白，而其他颜色的衬垫无法漂白。此外，白色衬垫让你知晓它们何时需要清洗。为何要用纺织物来掩饰污迹呢？我们需要看到污迹，才能确切知道清洗的时间。

我的一位主张家庭办公的朋友曾告诉我：无论他在斯堪的纳维亚的哪个地区工作，他总需要在干式桑拿房中与生意伙伴洽谈生意。于是我想到了一个设计方案：为何不在他的家里设置一个可容纳 8 人的蒸汽房？在这一蒸汽房中，可以放置覆盖有防水布的沙发、经过精心设计的户外躺椅；可以设置一个小型厨房以储存各种饮料；除此之外，也许还可以添置一台电视机。如此一来，这一另类独特却非常实用的蒸汽房就大功告成了。

这种"以新的视角进行创意设计"的理念，在酒店设计中得到最淋漓尽致的体现。对我们而言，酒店是一处临时居所，置身其中，我们可以换一种生活方式，换一种思维方式，获得一种非凡体验。酒店老板伊恩·施拉格曾把入住酒店比作"娱乐消遣"，我非常同意他的观点。当我们感到轻松自在时，我们才不会介意浴缸是否与床相连、贝壳型的水槽是否位于外面的壁架之上。我们远离家门入住酒店，欣然接受一个全开放的房间，任小鸟飞进飞出。如此自由的场景无法在我们的家中出现，因为我们在家时不像我们在酒店度假时那样懂得以新的视角观看事物。

因此，我的建议是：当你在开展室内设计时，你要懂得从俗世中暂时抽离，让自己度假休息；与此同时，你要记住"心理自助"大师韦恩·戴尔的那句被反复提及的名言：当你改变对事物的看法时，你所看到的事物也会改变。

设计结构

对称平衡

马克·坎宁安

科伦·麦凯恩所著的《转吧，这伟大的世界》（*Let the Great World Spin*）是我非常喜欢的书籍之一。这是一部虚构小说，但其故事情节却是根据真实事件改编而成的：1974年，法国杂技表演艺术家菲利普·帕特在纽约世贸中心双子塔之间完成了高空走钢丝的壮举。这部小说中的每个人物都有这样那样的不完美，但无一例外地都在生活中寻找一种平衡——一种专属于个人的对称平衡。对称平衡这一主题是如此寻常可见，因而总能引起人们的共鸣。

在生活的方方面面包括我们所居住的环境中，平衡都无处不在、至关重要。室内设计要解决的关键难题之一是如何实现恰到好处的平衡——灯光的平衡、纵深的平衡、材质的平衡、色彩的平衡。为了实现恰到好处的平衡，常见的方法有以下三种：实现对称平衡，实现不对称平衡，实现辐射对称。

想要在室内设计中实现视觉平衡，一个简单而直接的方法是实现对称平衡。这种规则的对称平衡可以通过不同方法加以实现，如改变房屋结构、调整家具设备等，由此在室内空间营造一种稳定而庄严的氛围。唯有通过实现对称平衡，才能营造这种氛围。

想要在室内设计中实现不对称平衡，设计师需要深思熟虑、综合考量。不对称平衡看上去往往更为生动有趣、更为不拘一格。相应地，实现不对称平衡的过程也更为引人入胜、更为引人注目。通过运用视觉重量各不相同的元素，营造出多元层次，营造出纵深空间，营造出平衡和谐的氛围。

辐射对称用于突出特定空间中的特定元素，比如一件艺术品、一件特别的古董、一个意义深远的构件等。想要在室内设计中实现辐射对称，难点在于要让不同的物件元素围绕单一的视觉焦点呈向内或向外辐射状分布，而且各个元素需要达到对称平衡的状态。通过实现辐射对称，设计师可以引导观者的视线在一定空间内按一定方向移动。

上述三种平衡类型各有用途、各具意义，但我个人更偏好不对称平衡。

我从小在美国西南部长大，长大以后，作为年轻设计师的我来到纽约城，在这里所看到的一切都与以前的大不相同，这让我深受触动、备受启发。过去随处可见的是开阔的平顶山、高原、平原，如今随处可见的是高耸的花岗岩建筑和石灰岩建筑。在纽约，人们极力强调构建视觉秩序，置身其中的我收获了一种全新的体验。这一体验意味着变化，需要我不断调整、不断适应。但我感激这一体验，它让我领悟到美之内涵。

在拉尔夫·劳伦时装设计品牌任职期间，我进一步认识到矛盾对立的重要意义与迷人魅力。无论秀场T台，还是宣传广告，抑或商店橱窗，常规的设计方法是让高低参差、雅俗不同的元素互相搭配、彼此融合，最后呈现出来的效果总是别具一格、真实可感。彼时的我负责拉尔夫·劳伦零售商店的室内设计，我凭借在多领域的鉴赏力，巧妙设置不同元素，精心营造多元层次，最终实现不对称平衡。拉尔夫·劳伦在时装设计上一直注重推陈出新，因此，置于同一零售商店的不同风格样式需要和谐共存、相辅相成，而非互相比拼、一争高下。

我始终相信：平衡，无论以何种形式呈现，在室内设计中都必不可少，正如平衡在生活中必不可少一样。在一个宜居环境中无论以何种方式实现平衡，这一环境中的各个元素都经过设计师细致考量、精心安排。这些元素可能大小不一、材质各异、颜色不同、高低参差，但无一例外地都体现了设计师心中的最高理想：创造一种赏心悦目、引人入胜的平衡。

77页图：
这一住宅位于曼哈顿上东区，在其主卧中，原本浅蓝色的家居用品看上去像是白色一样。简约的四柱大床配有蓝色丝质床垫，其匀称的结构与壁柜的协调比例彼此呼应。床头挂着米尔顿·埃弗里创作的艺术作品

左图：

这是一间位于格林威治的复式公寓，其主人是一位厨师和作家。客厅与厨房相通，配备有深色橡木的墙壁和壁柜，深色橡木家具与格子天花板彼此呼应。沙发后面挂着3幅由埃尔斯沃斯·凯利创作的艺术作品

设计平面图

艾蒂安·科菲尼耶、ED KU

在设计领域有这样一条真理：设计平面图是室内设计的源泉，是人们的家居生活指南。

在我看来，最佳设计平面图应该清晰反映以下情况：这一空间为谁所有？这一空间位于何处？这一空间包含何物？

绘制设计平面图，需要遵循几个步骤。首先，我们要向客户询问一系列问题：谁将入住这一家居？主人是否希望孩子的房间靠近他们的房间？孩子是否需要在自己的房间中完成作业？孩子是否需要独立的学习空间或游戏空间？主人是否需要招待客人？如果需要，是正式招待还是非正式招待？主人是否喜欢客人留宿？主人希望拥有完全开放的厨房还是传统隐蔽的厨房？主人是否希望拥有合家欢聚的客厅？主人有何放松休闲方式？主人喜欢独处一隅看书还是喜欢运动锻炼？上述问题的答案，有助于设计师绘制设计平面图，这一设计平面图不仅可以满足客户的需求，甚至可以让客户过上心中向往却很难用语言准确描述的生活。

当我们对空间的主人有所了解后，我们还需要对空间本身有所了解。一套一室一厅的公寓和一座住宅的设计平面图之间自然存在显著差异，但每一个空间的设计都有其难点所在。对于小空间，我们需要充分利用每寸空间，因此我们往往需要注重空间的灵活运用。对于大空间，我们需要让置身广阔空间中的主人感受到生活的人情味而非自身的渺小。每一个空间都与周围环境产生联系，由此延伸出的采光设置、景观布局、邻里关系等，凡此种种都需要体现在设计平面图中。

最后，我们还需要对空间所含之物有所了解。这一空间将包含何物？客户的家里将添置何物？无论是家具、地板、灯具、水管、电器、汽车等，我们都需要测量每一物件的尺寸，然后在设计平面图中标明每一物件及其尺寸。如果设计平面图上空空如也，我们就无法想象未来的家居景象。如果设计平面图上标有家具与设备，我们就可以看到便于沟通交流的座位安排，看到功能齐全、适合家人互动的厨房，看到奢华而不乏隐私的主浴室，看到可以容纳家用汽车的车库。

作为设计师，在开始绘制设计平面图时，我们会展开一系列想象：我们如同客户那样穿行于这一空间中，享受客户所向往的理想生活，享用客户所拥有的或即将拥有的物件。在我们的想象中：客户进入房子，把邮件放到桌案上的文件盒里，把滴水的雨伞放到某一角落里，在长凳上脱鞋坐下，在镜子前查看领带是否系好……就这样，我们努力想象并演示客户在整个房子中的生活场景，因为我们希望这一设计平面图可以涵盖客户生活的方方面面。所有出色的设计平面图都把客户的生活涵盖其中。因此，在绘制设计平面图时，我们需要一个房间接一个房间地、一个角落接一个角落地去想象、感受与体验。

如果我们对空间主人、空间特性、空间所含之物不甚了解，我们不可能成功绘制出设计平面图。尽管建筑师被灌输的理念是"形式追随功能"，但是好的设计平面图可以让一张简单的清单放大再演变成一张生活蓝图，引导人们过上理想生活。

81页图：

如同镜面般的马赛克瓷砖表面涂有浅白色，折射出客厅中充足的光线。靠近落地窗处有一架袖珍三角钢琴，由杰依·凯利创作的拼贴作品《呼吸：不要愚弄自己》（*Breathe: Don't fool yourself*）固定在钢琴上方

入口

理查德·米山

入口可以让我们插上想象的翅膀自由翱翔，可以把我们从一个地方带到另一个地方。它就像通道一样，通过这一通道，我们可以进入不同的场景，而不同的场景也因为有了入口而变得生机盎然。我们的目光可以直抵一扇窗户、一道走廊、一面镜子的纵深处，往往人未靠近，目光已经抵达。

对设计师而言，意义最为深远且值得首先考虑的入口在进门处，也即最初的观察点。置身这一观察点，设计师可以预览到整个空间，从而更好地了解与处理每一独立部分。对于深谙室内设计技巧的设计师而言，入口不仅仅是一种华美的装饰，更是一种基本的设计元素。人们的眼睛总喜欢去发现那些最具美感的地方，因而设计师的责任在于不断引导人们的视线。就这样，入口得以展现自身的艺术魅力，引导人们踏上一段视觉之旅。

建筑空间由一个接一个的入口构成。室内空间的建造，需要入口体现出通透性，墙壁体现出不透明性，天花板体现出封闭性。当我们望向门道、窗户、镜子、画作或越过舞台幕墙时，我们仿佛看到一个个"孔穴"，这些"孔穴"通往新的光明、新的空间、新的想象之旅；透过这些"孔穴"，我们窥探到另外的世界，我们被这一世界所深深吸引，就像我们完全沉浸于银幕上的电影一样。

当然，设计师有各种各样的途径来营造与利用入口的取景效果。其中一种是正统路线，设计师遵循规范法则，采取严密措施，最终达到更为精确的效果；另外一种是自由路线，设计师运用自由的创作手法，营造印象派风格的场景，最终达到的效果充满偶然性。无论最后的效果呈现何种风格，当人们往入口处凝望时，会完全忘了入口的存在，而油然生起一种往前进入其中、开展新的旅程的渴望。人们之所以产生如此感受，是入口的结构特征所使然。

当我们拍摄风景或街景时，我们会通过固定镜头去取景与捕捉瞬间，随着时间的流逝，每一瞬间都得到完美记录。然而，对于设计师而言，取景几乎从来无关静止图像或固定视角，设计师的取景方式总是在不断变化。于是乎，当人们漫步设计师所设计的空间中时，每每能产生"步移景换"之感。也就是说，只有入口保持不变，入口之外的景象却是时时变化。

我有自己的设计方法：我会深入了解如何取景，就像导演深入了解如何布景那样。我一次次地调整中心主体再往后退，就像观看一幅小插图或一件静物时那样。我想象自己眼前有一台照相机，我正盯着镜头细细凝望，唯有通过这样缩小的视角，我才能从整体出发在场景中创造平衡与和谐。绘画作品可以通过错觉来营造纵深感与移动感，然而，室内设计的对象是长期有人居住的空间，因而设计师需要考虑随着时空变化，这一空间会有何种变化，而这种变化就蕴藏在各个角落中，只待设计师去发现。

入口可以激发人们的自由想象，此乃入口之真正意义所在。当我在创造各种装饰图案或布置、添加、删减各种元素时，我想象呈现眼前的是一部动态电影而非一幅静止图片。下一次，当你透过入口往里看时，要善于发现设计师在那里为你营造的景象，要善于发现入口的边框是如何影响你的视角与整体视野的。而后你会豁然开朗：原来入口是这样把艺术景观与日常生活融合在一起的。

83页图：
设计师米山的住宅位于哥伦比亚卡塔赫纳，住宅的入口通道处摆放有两张靠背长凳，长凳大约产自1840年，源自一座主教教堂。藏红色的墙面粉刷、现代的照明设备，营造出友好和谐的氛围

右图：

在这一位于曼哈顿的住宅中，餐桌和椅子以及前景处的矮脚软垫椅，都购自设计师钟爱的商店之一——位于纽约城的荷马店。偌大的玻璃窗为用餐的人们提供了充足的光线。艺术墙上挂着意大利摄影师马西莫·维特利的作品

比例均衡

坎皮恩·普拉特

比例均衡只与人的感觉相关。也许"美存在于欣赏者眼中",然而在室内设计中,物品之间的距离与物品本身的大小同样重要。

我在接受建筑师的训练时,曾听一位教授如此说道:"任何一件设计成品都应该有至少三个衡量标准。"比如,现在你眼前有一件堪称完美的灰色法兰绒条纹男士套装,你首先会留意到它的轮廓,而后会留意到它的条纹纹样,最后当你靠近细看时,你会留意到它那纺织材质的细微之处。

在很长一段时间里,这一简单原则一直萦绕在我心中,直到我开始在设计实践中对比例均衡进行研究。经过研究,我发现关于实际比例与感知比例之间的差异的描述并不十分清晰。

下面我来做进一步解释。我常常让客户进行以下测试:眯着眼睛、面带微笑站在房子的边界上,膝盖微微弯曲并保持放松,想象自己就是《黄金三镖客》中的克林特·伊斯特伍德,仔细审视室内环境,以便对其进行重新布局。在这一测试中,房子中的五彩颜色与纷繁陈设被通通屏蔽,房子中只剩下最基本的构件与精美的家具。通过这一简单方法,我们可以了解到房子中宏大的比例与微小的比例,我们可以发现自己的目光是如何在房子中流转游走:从上方到下方,从阴影处到光亮处,从拥挤处到稀疏处。

自古代以来,我们就在自己周围创造了一个由正交直线构成的世界,大概是希望以此掌控与支配自然,建立一座关于均衡法则与人类对万物认识的知识库。现实世界由一系列自然创造的不规则细微碎片构成,这些碎片在视觉上既让我们感到愉悦,也让我们感到敬畏。每样事物都是不完美的,然而,每样事物又都是完美的。为何会出现如此现象?原因之一也许是,在创造现代视觉景观之时,我们不仅模仿自然的奇景,也学习自然的假象。为了创造完美的室内空间,我们努力打造建筑构件。然而,这一构件所在之处也许应该留空,或者起码应该呈现稀疏布局——一系列在视觉上彼此联结的奇妙排列、节点与空隙。

随着我们的设计越来越协调统一、越来越彰显生态意识,我感觉我们在一步步靠近自然,无论在比例上还是规模上。这一现象并不新颖,却更为科学。上述眯眼测试,让人们探寻到设计中恰到好处的平衡,最终创造出更为人性化、更具过渡性、更能引发共鸣的东西。

人体工学与人体极限不会在短时间内发生改变,但顺应人体工学与人体极限的设计却时时都在改变。"椅子至上"的熟语还在流传,"理想快乐"的范畴已然在时间的长河中发生改变。这归功于文化适应、材料科学的进步以及个人对探索设计新形式的需要,这些设计新形式让不断发展的世界变得更为舒适、更具意义。

综观古代设计,每件独立家具都有丰富的意义,每件物品都有简单而单一的用途。综观现代设计,家具往往成套出现,每件独立家具的意义只在于为整体而服务。人们可称之为设计的"社会主义"。均衡比例与特定意义让位于实用功能,每件家具都必须有双重用途,都必须更持久耐用、更方便运输、更容易适应不同的设计方案。

在这一充满各种比例的不规则世界中进行设计,我们应该始终努力寻找乐趣、享受快乐、创造奇迹。无论物品是否可以呈现奇妙的视觉效果,它们在比例上都应该协调悦目,同时与其他物品和谐共处。

作为设计师,我们的眼睛无时无刻都在重组各种元素、创造远近关系、填充隐秘之处、连接不同线条。也许正因如此,同为展现室内场景,素描或水彩画总比精细的电脑效果图更能打动人心。我们热衷探索神秘的负空间,我们因空虚、未知、尚未显现的一切而备受鼓舞。

87页图:

这一装饰有精致壁炉的入口通道,因为有了落地式摆钟、两张古董无扶手椅的"进驻",而弥漫着浓郁的历史气息。球形灯笼式吊灯以透明蚀刻玻璃制作而成。楼梯拐角处装饰有用于航行的古董铜制气象风向标,为这一空间增添了别样的情调

这就好比我们在生日时收到带有包装的礼物，比起礼物本身，那份神秘能带给我们更多的快乐。

穿上西部电影中英雄的装束，手拿武器，斗志昂扬，让目光在室内空间恣意流转，直到所有物品及其比例达到完美和谐。

左图：
在这一位于纽约水磨坊镇的住宅中，客厅中天花板与横梁的颜色搭配，为客厅中色调柔和的家具与配饰奠定了基调。壁炉的白色外框与客厅中的其他深色区域达到完美平衡

轮廓

杰恩、约翰·迈克尔

优美的轮廓如同一幅静物画：优雅、精细、神秘。手臂的曲线、腿部的弧度、厚重雕塑的宏大体块、精致烛台的纤细外形……微妙细节每每可以发挥重要作用。轮廓是一曲关乎形状、比例、大小、平衡、构造的乐曲。

也许最能体现轮廓之纯粹的当数乔治·莫兰迪的静物画。莫兰迪运用中性色描绘瓶子与花瓶的简单组合，由此开创了自身的标志性风格，取得了不凡的艺术成就。在此，静物的轮廓与位置都经过苦心经营：那微妙的颜色、纯粹的形状、彼此重叠或相隔几厘米之遥的静物……凡此种种，构成了莫兰迪所言的"亲密友好的风景"。在莫兰迪的静物画中，任何一件物品的微小移动，都会对画家所致力于传达的意义有着至关重要的影响。

同样地，室内设计也应该传达意义。室内空间不仅应该美观，也应该宜居，还应该展现各种迷人的轮廓。线条与阴影可以构成动态张力，二者应该自由"伸展"，而非彼此"较劲"。置身室内，环顾四周，这里是否弥漫和谐氛围？家具与家具之间是否享有呼吸空间？各个部分是否轻而易举就能协调一致？正如莫兰迪的静物画所展现的那样，负空间与体积同样重要。

家具所蕴含的"韵律"可以引导人的目光在背景、前景、侧面处流转。咖啡桌的洁净桌面应该微微弯曲，与沙发的柔和曲线彼此呼应。壁炉的柔滑表面应该配上带有刻纹的隔板或几何形状的点火工具。两张带有软垫的扶手椅应该搭配一张木质边桌或脚凳。光滑洁白的墙上应该挂有颇具质感的油画作品或大幅摄影作品。

在约翰内斯·维米尔的作品中，我们看到了北部的标志风景，经过过滤的尘埃，盛行于荷兰17世纪、外形让人难忘的日常生活用品……凡此种种都让我们了解到：光线是构成轮廓的重要元素。那朴素的装饰、厚重的帷幕、木质的玻璃窗格、黑白相间的地面瓷砖，营造出宁静怡然的氛围。维米尔的作品不仅吸引我

们定睛细看，而且让我们看完一幅还想再看另一幅。

大小同样非常重要。座椅、靠背、茶几、咖啡桌的相对高度应该彼此协调，就像置于天平两边的重物那样。建筑师兼工业设计师佛朗科·阿尔比尼所设计的家具去除一切装饰，只剩鲜明的轮廓与优美的线条，其大小都经过精密测量与悉心调整。于是乎，人们看到一座螺旋式楼梯演变成为一件抽象雕塑，一个书架演变成为一个浮游世界。

比例同样发挥作用。圣哈辛托山脉的自然美为现代住宅提供了完美的背景。约翰·劳特纳为鲍勃·霍普所设计的别墅就傲然靠在山顶之上，这一别墅造型怪诞，如同宇宙飞船一般。理查德·诺伊特拉所设计的考夫曼别墅，在沙漠绿洲之上神奇地飘浮。

一件物品能呈现完美轮廓，取决于设计师能否对光线、气流、大小、比例进行精密计算与周密安排。尽管完美轮廓是汲取各方灵感、经过精心安排的结果，但它看上去应该自然而然。设计师以艺术家之眼去安排室内家具与配饰，在此过程中轮廓得以呈现，负空间得以形成，二者彼此影响、相互作用，设计师应该深入了解二者之间的相互作用。就像维米尔笔下的室内布景那样，轮廓是一种灵动的、如同雕塑般的表现形式，它为室内空间注入生气、诗意与艺术气息，让室内空间不再只具有实用功能。

91页图：
在这一位于纽约格林威治的住宅中，客厅中摆放着由沃德·班尼特设计的沙发、由克莱廷·侯林-霍姆奎斯特设计于20世纪50年代的一对带软垫椅子、由汤姆林森设计于20世纪60年代的无扶手椅、由卡尔·马姆斯登设计的坐卧两用长椅，它们都拥有简约明了的轮廓，彼此达到完美协调

规模比例

 胡安·蒙托亚

我记得曾看过法国前总统尼古拉·萨尔科齐和夫人卡拉·布吕尼的一张合影。当两人一同出现在公共场合时，卡拉·布吕尼从来只穿平底鞋而不穿高跟鞋，这样她看上去就不会比尼古拉·萨尔科齐高太多。凡此关于大小比例的例子，在我们身边随处可见。

比例表示各部分之间的关系，比如椅脚与椅背之间的关系。规模则表示部分与整体之间的关系，比如椅子与椅子所处房间之间的关系。设计师应该大胆地在狭小的房间中放置大件的家具。在家具布置中，比起放置各种无足轻重、互不搭配的小型物品，放置由吉恩·米歇尔·弗兰克设计的炫酷饰物或源于19世纪的华美纪念物效果更佳。

在2014年基浦斯湾室内装饰展示会上，我对历史悠久的维拉德宅第的华丽客厅进行了设计，在挑选家具时，我让房间的规模比例自然显现。房间的大小规模与家具的大小规模之间需要有一种直接的联系，比如我设计了一张5米多长的弯曲沙发，并把它放置在客厅中央，当我在工作室制作这张沙发时，它仿佛庞然大物；但当我把它放置在客厅中央时，它显得恰到好处。当空间与家具之间的规模比例达到和谐时，这一空间看上去会非常自然，每个踏足这一空间的人都会油然而生舒适之感。

根据现有建筑的大小规模来决定家具与艺术饰品的大小规模，已经成为常见的设计手法。对规模比例有所把握，并让其在家具布置中发挥作用，是设计师的必修课之一。

当我思考与建筑相关的规模比例时，浮现在我脑海中的第一个人物是勒·柯布西耶。他把人体大小与房间规模联系起来，后来又把人体大小与建筑构件联系起来。我所参观过的杰出的建筑，无一例外都基于这样的理念：通过比例与规模展现美。比如由埃里克·冈纳·阿斯普伦德设计的斯德哥尔摩城市图书馆，无论在其实用功能的设置上，还是在其与周边环境

右图：
这一宽敞的客厅位于纽约上东区的一座宅第中，客厅中放置的一张5米多长的双边弯曲沙发显得恰到好处。这一客厅中还放置有一张3米多宽的不锈钢桌子，是为这一空间专门定制的，同样显得恰到好处。挂在墙上的红色油画《唱诗班》（*Choir*）由英国艺术家克里斯托弗·莱布兰创作

的关系上，都体现出完美的和谐。在此，经典秩序经过简化处理，以适应现代实用需求。比如图书馆中的开放式架子，为读者取书提供方便。

我所参观过的设计感很好的房子，无一例外都弥漫着简约风格。所谓简约，并非指这些房子空空荡荡，而是指房子中的家具与房子的整个空间比例协调、恰到好处。房子中的不同元素之间总能互相补充、达到平衡，一切如同精心编排的芭蕾舞剧一般。一所好房子或一座好建筑，就像一部交响乐，各部分汇合而成美妙悦耳的音乐。

我6岁的侄子曾告诉我他讨厌自己的房间。对此，我心生感慨：侄子的房间明明很好看，颜色治愈人心，地毯美观大方，它究竟有什么让人不满意的地方呢？侄子讨厌自己的房间这件事对我冲击很大，我这才意识到侄子的房间缺乏让人想象的空间：没有可藏身之处。房间及房中之物的比例规模对成年人而言堪称完美，但对孩子而言则不尽然。在进行室内设计时，我们应该时刻谨记是谁居住其中。在对自身身体与周围空间关系的认知上，孩子与大人有所不同。根据孩子房间的体积与规模，设计师需要留出空间让孩子玩耍与藏身。无论面对何种年龄段的客户，这一简单的比例原则皆可适用。

无论设计一座盛大的乡间别墅，还是设计一所小型的城市公寓，同样的比例原则皆可适用。设计师尽己所能地把最佳物品汇聚起来，以此创造视觉焦点，营造宏伟格局。如果设计师能在房子中精心布置各种体积宏大、风格华丽、质量上乘的物品，即便小房子也可彰显富丽堂皇的格调。

左图：
由瑞典艺术家伊娃·希尔德创作的雕塑放置于基座之上。基座后面是一面充满创意、呈波浪状的石膏墙，墙上安装有壁炉。在墙上"波浪"的映衬下，由麦金-米德-怀特建筑师事务所设计的罗马式雕塑也呈现出现代风格

95

交流

温莎·史密斯

只有吸引你进入其中的房子才真正称得上"美"。有些房子，当你面对它时会不自觉地想往里走，把边边角角都仔细看一遍。如此难以言喻的魅力，有人称为"好气息"。在多数情况下，设计师纯靠直觉赋予房子如此魅力。尽管如此，在设计中仍有规则可循：不要阻挡视线；避免闭塞不通；在房中开辟通道时，要以房子的占地面积为依据；会客区域要远离休息区域。

我们应该留意到传统的布局设计严格遵循以下规则：无论是雅致的入口，还是会客厅，抑或通往私密房间的走廊，都经过精心安排、合理布局。然而，在当下这个即时通信盛行的世界，私密的界限如何定义？围坐餐桌旁的人们，总喜欢拿出手机查看各种资讯，如某部电影的名字，或查看邮件有无回复。

尽管我们努力尝试，却无法把现代生活的娱乐消遣转化为往昔有序的家居生活。无论你如何精心安排空间、灯光和配色，生活依然会受到干扰。

即时通信、紧急邮件、视频聊天、在线流媒体这些原本旨在缩小人与人之间距离的装备，却在增大人与人之间的距离。不久前我认识到，只有顺应这种变幻莫测的新趋势，才能让那些对生活有高要求的客户在家里真正获得快乐。我在设计中需要关注的趋势是人们每天都在不断进行交流。过去我只专注于让房子变美，如今我需要让置身其中的人们真正体会到情感的交流与彼此的互动；需要吸引人们从一个房间到另一个房间；需要鼓励客户在房间中更深入地表达自我与互相交流。

"家是安全的港湾"，这已是人们耳熟能详的概念。但是，对家进行设计，使其兼具私人度假屋、临时办公室、餐厅、健身馆、剧院、沙龙的功能，对设计师而言则是一项新挑战。

过去我们以为开放式生活空间可以提供解决之道：在厨房里，妈妈在烹饪美食，爸爸在品酌美酒，孩子在一角看电视或做作业，这就是我们想象中的合理空间。但是，我们了解到：人们共处一室并不意味他们共享天伦之乐。房子不仅需要具备多元功能，还需要在潜移默化中引导人们打破常规、享受生活。

在当下，要想成为一名好的设计师，你需要像魔术师一样，把各种可以让客户重新享受交流的元素结合起来。你需要考虑人们的日常需求，也需要考虑人们对功能以外的需求。如何让身处房中的人们玩游戏、听音乐、品艺术、缝纫、烹饪，一样都不少？如何通过特定配色、用料和空间布局，让主卧套房中的人们关系亲密、和睦相处？尽管这听着让人不可思议，但是当你打造一座房子时，你确实是在为男女主人提供与他人的交流之地。

在我看来，设计的终极目标是让人们获得片刻的宁静。我们需要把阻挡之物移除，以唤起家人对往昔的无限回忆。出于这样的理念，在设计我家的活动室时，我把乒乓球台移至壁炉架的前方；在设计另外的房子时，我把三角钢琴移至房间的中央。然而，在大多数情况下，想要建立联系、唤起记忆并没有那么容易，此时就需要设计师发挥自身才能。从根本上而言，设计就是建立联系。在设计中，我们把通风开阔的区域与黑暗的角落连通，把常见的轮廓与炫目的新形式融合，把可感实物与轻飘之物结合。多种元素并置，可以促使人们更为频繁、更为紧密、更为深入地交流。

97页图：

在这一房间里，古董饰品与现代饰品之间达到了微妙平衡。饰品摆放在一张大桌上，桌上还摆放着一堆书籍和反光地球仪。房间的角落为人们提供了亲密交流的地方。带人字形图案的镶木地板经过精心安排呈对称分布，这一地板源自17世纪法国里昂的一座城堡

取景

萨尔瓦多·拉罗萨

画框的内在二元性总是让我深深着迷。一方面，有限的边框吸引观者把目光聚焦画中；另一方面，有限的边框吸引观者沉浸于画家所创造的想象空间中。

当我还是一名年轻的设计师时，我和导师约瑟夫·乌尔索的每次合影，都堪称取景佳作。在他看来，摄影不应该仅仅旨在记录已完成作品的外观，而应该"通过构建图像来让摄影者重新体验摄影的源动力"。约瑟夫曾让我透过摄影镜头取景，也曾让我用宝丽来相机试拍，这些都是数码摄影普及之前摄影者的必备技能。通过如此方式，他向我展现了在特定视野中，即便最微小的变化——"这里的桌子增长一些……花瓶中的水减少一些"——也可以揭示出房中不同物件之间的强大联系。

在此过程中，我了解到人的眼睛可以传达情感。此外，如果想要以人的手来凸显个人情感并引起他人共鸣，就需要为其设定稳定的参照系。正如约瑟夫告诉我的那样，"构建想象空间"不只是一种比喻修辞，还是一种取景方式。数百年前，艺术家约翰内斯·维米尔也许就曾通过相机暗箱中的图像来向学生讲解过这一取景方式。

设置界限以引起关注，是边框的本质属性，也是创造体验的重要方式。正如达·芬奇笔下的维特鲁威人一样，我们的身体也是一种"边框"，让我们直观地感受到身体的界限与移动性。我们眼中的晶状体富有弹性，因而当我们观察这个世界时，我们能看清远近事物。当我们在海滩上眺望日落，或面对安德烈·勒诺特尔所巧妙设计的园中小径时，即便无法看到全景，我们也能体验到无限景致。

出于我们自身对大小比例的感知以及我们希望展现的相对高度，我们往往会被舒适的扶手矮椅或气派的高背座椅所吸引。正如一把椅子可以让人的姿势与举止处于静止状态，一道门也可以产生人在运动的后像，门中常有人走

动，由此形成了贯穿房子或延伸至房外的一道充满情感、引人注目的风景线。置身广阔的空间，我们所看到的床柱仿佛有所延长，我们所看到的小块地毯仿佛有所增大，就这样我们树立起一道道"概念墙"，在房中建构起一方舒适的小天地。无论是温柔流泻的灯光，还是摇曳多姿的火焰，抑或泛着光晕的蜡烛，都让人感受到稍纵即逝的界限与氛围。院子顶部的轮廓线构成边框，把天空容纳其中。

无论是绘制沙发、咖啡桌的设计图，还是绘制柱廊的立面图，我都有意识地设置一系列边框以引导观者的目光沿着特定的路径游走。我始终偏爱在专用描图纸上手工绘图，因其弥漫着真实可触的亲密感。透明的描图纸让我可以在特定区域内任意移动各种元素，直到我把它们放置在我所寻觅的最佳位置上。其中最让我满意的一个案例为：在为客户设计家族宅第的餐厅时，我在一个关键角落设置了一张弥漫着静谧气息的躺椅，沿着躺椅的朝向，观者可以留意到邻近的格子窗玻璃之外的山上那高大威武的山毛榉树。

这一生动的场景把建筑与景观融为一体，把理性元素与浪漫元素共冶一炉。其所营造的静谧氛围，让观者联想到画家乔尔乔内在《睡着的维纳斯女神》（*Sleeping Vernus*）中所描绘的斜卧裸体美人与周围的田园风光。

我常常从原始文艺复兴时期的画家所创作的叙事性作品中获得灵感，由此拓宽我在建筑设计领域的视野。古老的故事情节穿过祭坛上装有不同边框的画板，奇迹般地重新焕发生机。正如19世纪埃德沃德·迈布里奇的运动系列摄影或当代漫画小说所展现的那样，一系列静止的边框可以加强边框内视觉图像的动态效果，这一点让人倍感奇妙。

在室内设计中，我尤为喜欢以下物件：微型建筑、教堂中或寻常家中的神龛等细致展现自然并把人包含其中的物件。其中多为容器，

99页图：

这一门道不仅展现了一处呈立体几何状的室内景观，也展现了一条"小路"，阳光透射进来，洒满"小路"，转瞬又消失无踪。狭长的门口在透视视角下不断缩小，既彰显了墙的厚度，也让人们对门后的景观浮想联翩。即便在无人的时候，这一门口也让人们联想到有人经过时的场景

特别是以圆形为边框的容器。我们在家居中所运用的边框，无论是以水罐、水缸还是酒杯的形式出现，还是以真实可感还是象征联想的方式出现，都把各种实体及其带给我们的联想容纳其中。

左图：

带有韵律的窗框吸引着人们的目光在屋内及屋外游走。在这一位于纽约长岛的房子中，组合家具与水平窗格形成对比，看上去如同谱写着音符的五线谱。椅子张开双臂，仿佛在表演芭蕾双人舞一般

定义

玛丽·道格拉斯·特拉斯代尔

人们常常把专业术语"室内设计师"与"室内装饰师"互换使用。这种让人困惑的习惯，让大部分人都难以将这两个紧密联系的领域区分开来。

室内设计师和室内装饰师都着眼于室内空间的审美元素，都以创造美为主旨。他们的主要区别在于工作范围的不同。

室内设计师主要负责制订空间设计方案，当然他们通常也会兼顾空间装饰。室内装饰师无须制订新的设计方案，只需把才华发挥在家具搭配与家居装饰上。室内装饰师主要负责在现成的建筑空间里添置和搭配各种可移动物件。

想要区分室内设计师与室内装饰师，主要看其是否具有对室内空间进行巧妙处理与精细装饰的能力。与广阔的建筑领域相比，室内设计在关注焦点与专业知识上相对有限，但室内设计确实是隶属建筑的一门学科。一般而言，室内设计师聚焦于室内空间的规划设计与细节设计，他们既懂得在空间中体现其设计理念，也懂得根据总承包商或独立承包商的要求绘制建筑图纸以扩建空间或整修空间。在制订设计方案和进行设计说明时，室内设计师所提供的图纸和服务，往往和建筑师、装饰师所提供的一样。

与之相对，室内装饰师则需要对家具（包括选购与搭配）、地板、窗户以及所有可移动饰物的选购与摆放具有专业了解。当然，室内装饰师也需要根据整体设计方案来对局部进行装饰。但一般而言，他们不需要像室内设计师那样提供详细的设计方案。

想要区分室内设计和室内装饰，也可以看其规范化程度。在很多地方，开展室内设计需要获得许可证，而开展室内装饰则不需要。设计师的工作——对居住建筑或商业建筑进行室内设计——往往涉及安全问题，因此设计师的工作受到地方法规和标准建筑行规的规范。开展室内设计需要获得许可证，可能还需要接受有关市政部门的审查；而开展室内装饰通常不需要获得许可证，也不需要接受审查。

《大英百科全书》对室内设计有精准定义，清晰地指出了其与室内装饰的区别："任何设计所需要考虑的关键问题之一就是看设计是否满足实际需求。如果一个剧院视线不佳、音效不好、出入口过少，无论它装饰得如何华美，它也无法满足实际需求。"

1897年，伊迪丝·华顿与小奥格登·科德曼的经典著作《房屋的装饰》首度出版，由此开启了一个新的世纪，推动了室内设计与室内装饰两大专业领域的诞生。此书出版以前，按照惯例，室内装饰由画家和家具商负责。然而，随着美国人生活水平的提高，室内装饰这一专业领域也得到迅速发展。室内装饰师不仅展现了多样风格，也给人们带来了审美享受。随着多层办公室、公寓大楼的普及和厨房、浴室在美国不断受到重视，室内设计在20世纪中期获得立足之地。时至今日，室内设计的专业化程度很高。商业室内设计师和住宅室内设计师在工作重点上有明显区别。

室内设计与规划、审美、装饰密切相关。21世纪伊始，室内设计不再局限于为富人服务，而被视为大多数人的生活必需。

103页图：
在这一豪华高贵、镶有木质护墙板的饭厅里，单一的浅灰褐色营造出庄重的氛围。地板周边装饰有以模板印刷的希腊钥匙图案，凸显了新古典主义的元素

104页图：
这一书房弥漫着一种冥想的氛围。其中摆放有借鉴摄政时期风格特色的家具，包括一张黑漆镀金餐桌和几把白漆椅子

105页图：
在这一位于华盛顿哥伦比亚特区的房子里，客厅的天花板很高，奶油黄在此成为主色调。手工绘制的格子饰物和常青藤搭配，与装有软垫的椅子和抱枕形成对比

并置

马修·怀特、弗兰克·韦伯

创造力是一种神奇的力量，有助于人们理解不同的实物，并从不同实物的并置中获得灵感。

——马克斯·恩斯特

在室内设计领域，我们常常能听到"并置"一词，它仿佛具有一种神奇的力量。之所以如此，无须细究也可明了。为了实现恰到好处的并置，设计师不仅需要具有多方面才能，还需要统揽全局、运筹帷幄（此乃每个设计师所追求之目标）。巧妙运用并置，可以让原本略显普通的房子变得与众不同、超乎想象。

在以室内设计为主题的 13 封信中，"并置"一词揭示了一个基本概念：把不同物件摆在一起，使其互相衬托或互相对比。尽管这听上去更像一门技术而非艺术，可事实上，技术元素与艺术元素在并置中同样发挥作用。在运用并置方面，设计师与弗兰肯斯坦博士（出自电影《科学怪人》）有点相似，他们都试图通过无生命物体来创造无限生机。设计师不仅需要对传统风格、可用材料、精湛技艺有所了解，也需要在设计过程中不断调整、不断改进。设计师在技术层面的知识固然重要，然而，如果设计师希望创造生机，其艺术视野必不可少。幸运的是，和弗兰肯斯坦博士相比，设计师创造的成果更为迷人，而且他们也不会伤害他人。

在处理灯光时，电线的配置绝对是巧妙并置的成果。无论家具是互相衬托还是互相对比，通过搭配家具，我们都可营造一种真实可感的氛围，让人对生活产生憧憬与希望。与之相对，并置不当会带来两种结果：要么无法为房子增添活力，要么让房子过于纷繁复杂，无论如何这所房子都会显得了无生趣。已故的阿尔伯特·哈德利是一位善于并置的设计大师，据

说他所设计的室内空间会给置身其中的人们带来震撼：直击心灵的兴奋，充沛丰盈的活力。

在室内设计中，设计师需要勇于尝试，才能创造更多可能性，由此为室内空间注入新鲜活力，留下想象余地。即便简约的室内空间，也可以通过添加华美装饰来增添魅力；即便奢华的室内空间，也可以通过添加朴素装饰来增添魅力。设计师往往需要运用一点幽默或智慧去点燃创意，如此一来，最终呈现的效果就会十分迷人。如果你看重生活空间，又希望展现自我，你大可点燃创意、自由发挥、大胆搭配，最终营造出让人惊喜的效果。

通过并置，设计师可以创造和谐，也可以展现对立，甚至通过对立来营造和谐。如何通过对立来营造和谐？常见的例子是把古董与当代艺术品并置，使其和谐搭配、相得益彰，只有优秀的设计师才能做到这一点。尽管每个人都可以了解特定时期的室内设计风格并尝试在室内空间中展现这一风格，但最终效果可能不尽如人意。只有把源于不同时期、不同地方的物件巧妙并置，才可以营造出让人满意的效果。形状相似、材质相同、颜色相近可以带来和谐，形状各异、材质不一、颜色不同则可以带来引人入胜的对比。优秀的设计师和卓有成就的导演一样，懂得如何规划布局、如何安排搭配、如何综合运用各种才能，最终营造出让人满意、引人注目的效果。

从本质上而言，并置的核心在于取与舍。设计师追求各部分相加大于总和的效果，因而每一元素都对最后的效果呈现有所贡献。设计师联手合作，实际上也是一种"并置"。"并置"的两位设计师虽然观点视角不同，自我意识各异，但在大多数情况下，他们都可以和谐相处。也许有人会猜想古典主义者（乔治·赫伯怀特）和现代主义者（菲利普·韦伯）之间永远存在矛盾，然而事实远非如此。尽管我们各有偏好，但我们可以从彼此的差异中发现价值，甚至我

107页图：
这一房间位于知名建筑师斯坦福·怀特所设计的一座建筑中。在此，设计师把原有的壁炉架保留下来，以此在传统与现代之间建立联系，堪称并置的典型范式。两把由吕西安·罗林设计的椅子摆放在一张定制沙发对面，这一沙发在风格上借鉴了吉恩-米歇尔·弗兰克的设计作品。当代风格的枝形吊灯由威尼斯玻璃艺术家马西莫·米歇卢齐制作而成

们还会惊讶于彼此的相似。最为重要的是，如同所有通力合作的伙伴一样，我们可以向同伴学习，让自己变得更好。而这不正是卓有成效的并置之要义所在吗？

私密空间

博比·麦卡尔平

进行室内设计时，我的常规工作之一是在房中设置私密空间，这是因为大部分人已然忘记自己对私密空间的需求。在与客户会面时，我常常听到他们说希望在房间里与家人共享天伦、与好友共聚一堂，然而却极少听到他们说希望在私密空间中独处或与知己相处。

人们往往容易忘记这一如袋鼠口袋般的私密空间，然而正是这一空间才最为我们所钟爱，因为置身其中的我们可以摒弃所有伪装，发掘真实自我。当我们回归真我、流露脆弱一面时，我们可以让内在所扮演角色与外在所扮演角色放飞自我、自由发声。每个进入这一空间的人都会有如此经历：游走内外，思绪飘飞。伴随我们不断开阔心灵，我们也更容易发现别人内心的真实想法。房子往往是人们展现自我的平台，然而，人们最希望房子成为心之所归。

儿时的我们坐在父母膝上，这就是我们对私密空间的初次体验：彼时父母把我们紧紧抱住，又让我们自由舒展，我们可以感受到父母的爱把我们重重包围。当我们置身房屋中，我们可以在角落里、在边房中、在壁炉边、在低矮夹层或横梁下（皆为隐秘之地，旁有高物遮挡）寻得私密空间。我们无须思考就会被这些地方所吸引。当我们置身教堂中，我们更愿意在小教堂和侧廊中流露自己脆弱的一面；对一个胆小羞涩的人而言，当他独自站在教堂中殿时，他会希望不引人注目，而当他沿着阴暗边界走动时，却会体验到欣喜。我们在餐厅的卡座上常常不自觉地就体验到这样的欣喜，因为餐厅的卡座比房子中央的桌子要私密得多。当我们蜷缩在长沙发上时，我们感到满满的安全感，我们的谈论话题也随之改变。

步入房中，带床幔的大床和带窗帘的卧室总是吸引我们走近它并安心地躺下，就像动物安栖在自己窝里一样，由此可见我们对被包容的渴望。而相对狭小的空间可以给我们带来舒适感与包容感。

右图：
沿着这一配有石灰石廊柱的拱形凉廊一路走到尽头，可以看到一扇纳什维尔建筑的古式前门。拱形凹处被雕刻成毛石墙，人们在墙前可以驻足停留，尽情欣赏清澈池塘与茂盛花园

110—111页图：
在这一位于纳什维尔的主卧室中，座位区"依偎"在窗户旁边，大床则安装在一个古木高台上。设计师通过简约的布局安排和不同的地面材质，把这两个区域分隔开来。卧室中配置有古董工艺、现代灯具和由一对古董躺椅组合而成的椅子

材质、色调、灯光以及反光表面都可传达出微妙的信息与深远的意义。材质就像一位情感丰富的朋友一样，不时流露自身情绪变化。与坚硬反光的材质相比，带床幔装饰的柔软木头仿佛能把你"吸纳"进去。此外，木头还能吸收声音，为你创造一片宁静天地。

在营造室内空间氛围时，灯光的数量与质量是必须考虑的重要因素。旧式玻璃让灯光变得炽热而明亮，营造出一种适合沉思的氛围。活动百叶窗投下斑驳阴影，渲染出一种昏暗的氛围，为亲密交流提供有利条件。柔和或微弱的灯光如火光、灯泡、烛光、柔和吊灯，虽然照明范围相对有限，但也缓和了冰冷氛围。在如此灯光的映照下，材质、色调、焦点都变得有温度、有内涵，一种包容的氛围油然而生，置身其中的人们会自然地转变话题。当上述元素运用到更为广阔的空间中时，它们会构筑起一方私密天地。

通过配置护墙板、长沙发和翼状靠背椅，把房间重心下调至现有楼高的下三分之一处，可以进一步烘托出包容的氛围。想象一下，在一个宽广开阔、人来人往的房间里，所有物件都飘浮"空中"，四周也无墙壁依靠。在此情况下，你只能和地面产生联系：地面是离你最近的"同伴"，地毯是你所能依靠的木筏。

我们在房间里设置专属于自己的私密空间，别人却希望我们可以公开展示这些房间。他们诚恳地请求我们向其细致介绍那些承载着往昔故事的零星碎片。在这些充满安全感的房间里，我们的"感情之墙"逐渐消散。这正是营造包容氛围过程中耐人寻味之处：身边的墙赫然伫立，内心的墙却在悄然消散。就这样房屋承担起心灵的职责，它成为我们的盔甲，以一种微妙细腻而富有意义的方式拓展自己的疆土。

平面

丹尼尔·萨克斯、凯恩·林多尔斯

平面如墙壁、地面、天花板是建筑的基础构件，它们把我们和最基础的住宅或寓所联系起来。墙壁包围着我们，保护着我们，告诉我们该如何走动、如何行动。屋顶是一种文明的象征，为我们遮风挡雨，让我们不受外界干扰，给我们一片专属于自己的天地。

现代主义建筑设计师倾向于模糊墙壁的存在，运用平面去创造一条通道而非一处住所。勒·柯布西耶、密斯·凡德罗和弗兰克·劳埃德·赖特所倡导的现代主义建筑旨在让墙壁"消失于无形"。比如，赖特在设计中消除了室内空间与室外景观的分隔。当过去用于包围的屏障消除之后，我们如何让置身其中的人们有置身住所之感呢？传统与现代之间的界限并非十分清晰，但人们也许发现了在现代主义的室内设计中，设计师更多地运用门窗而非平面去营造包围之感。

在进行室内设计时，我们首先要尽力让客户有置身住所之感。大部分优秀的室内设计都通过调整墙壁所在空间与墙壁、天花板及其邻近地板之间的关系，来让客户有置身住所之感。21世纪的设计师可以从各种传统风格中汲取灵感，如17世纪房间门厅的风格特点及其排列方式和现代主义初期房间门厅的风格特点及其排列方式（往往在开阔的空间中设有通道）。

在对一座建于19世纪30年代纽约城的连栋房屋进行室内设计时，我们采用了现代主义手法，为精致的踢脚板和天花线涂上单一的浅色，以此模糊墙壁的存在。建筑构件的纹理有所保留，但墙壁成为毫无装饰的背景板，恰到好处地衬托出主人的藏品（现代风格家具和艺术品）的光彩。

在规划设计一座建筑时，设计师可以自由决定室内空间与建筑之间的关系。在对现有建筑进行室内设计时，设计师则需要借助壁纸、颜料等工具来制造"假象"。在对纽约一所房子进行室内设计时，我们遇到了一个棘手问题：房子有一道狭窄的门，它处于昏暗之中，而且不能完全打开。最终我们决定让门继续处于昏暗之中，这样打开门后看到的空间会显得更为光亮。我们在天花板上贴上富丽堂皇的壁纸，让这道门的界限变得模糊，又在墙上挂上艺术品——添加图像是让墙面变得开阔的重要途径。如此一来，设计师通过不同平面的组合与装饰创造了一个空间。

在建造和设计房子时，设计师可以自由地根据自身审美来组合不同平面、塑造不同空间，当然，在这一过程中设计师也需要考虑客户的需求。举个有意思的例子，我们曾为纽约的一位艺术家建造画室，彼时这位艺术家正举家从纽约城搬到康涅狄格州的乡下，他要求我们在他新置办的土地上重建一间与原来画室1:1等比例的画室。原来的画室是一间古老的健身房，位于一幢19世纪的建筑中。过去30年里，这位艺术家一直在这一画室中辛勤创作、乐此不疲。

新建的画室不再藏身于城市街区之中，而是位于一座只有一层楼高的房子中。我们没有运用砖石水泥（19世纪建筑的常用材料），而是运用预制的建筑材料和相关技艺，在森林植被上重建了一间画室。这一画室结构简单，设计精美；最为重要的是，置身这一画室，画家可以从那些构成其原来画室的平面中重温美好的往昔，获得情感的共鸣。

从平面诞生之初，它就承载着为人们建造住所、提供安全感的重任。无论设计师是对现有建筑进行室内设计，还是规划建造一座新建筑如豪宅、小屋、寺庙、村社，其任务都是通过不同平面的组合，让人们仿佛置身住所之中，感到安全可靠并对生活抱有渴望。

目的地

艾伦·坦斯利

每段旅程都通往让旅行者意想不到的秘密目的地。

——马丁·布伯

在我看来，室内设计师的任务不仅在于在混乱中建立秩序，也在于努力打造各个微妙而隐秘的目的地，即落脚点。

我相信无论开展怎样的室内设计项目，设计师最先考虑的都应该是建立空间的层次结构。一般而言，空间的层次结构取决于空间的实用功能。无论是大门通道，还是公共空间，抑或私密空间，都有其层次结构。当然，设计师可以运用一种完全理性的方法来建立空间的层次结构，比如设计师路易斯·沙利文提出的"形式追随功能"法则，这一法则早已广为人知。

除此之外，设计师也可以在室内空间设置引人注目、让人愉悦、实用有效的物件或落脚点以分散人们的注意力。比如，如果设计师希望人们在通道中停留，可以在隐秘角落设置一张托脚小桌，在桌上摆满让人赏心悦目的珍奇之物。如此一来，行走在通道上的人们会乐于驻足停留，也乐于在此处与别处间穿行。

如果想进一步了解这种设置的微妙作用，可以想想我们过去抵达或参观一所陌生房子或公寓时的经历。想象一下，我们在街道、人行道或停车场如何受到指引进入大门，沿途穿过花园、前院、门廊，最后抵达客厅。在这一路上，我们可能会遇到一个"落脚点"稍作停留，尽管我们很少停留。想要让人们驻足停留，关键在于设置"落脚点"以引起人们的关注与思考。在驻足停留时，人们可能感到宁静、平和、安全——这对于增添过渡空间的魅力不无裨益。一条原本不起眼的通道经过精心设置也可以给人带来特别体验，了解到这一点后，我们再次踏上这条通道时，内心就会充满期待：在这段如同探险般的旅途中，前方有什么在等待着我

右图：

这一位于科罗拉多州韦尔的住宅，建有一个由独块石头打造而成的壁炉，它既朝向客厅也朝向饭厅，构成了一个引人注目的视觉中心，把两大公共空间连接起来。如此设计让人们可以在温暖的炉火旁相聚畅谈，因而无论主人还是客人，都被吸引在此停留，享受轻松时刻

在设计过程中，我和主人商讨的主要议题是如何打造各种或显眼或隐秘的落脚点，随着时间的推移，这些落脚点会被穿堂入室的人们所发现、所关注。在这座房子里，用于大型聚会的客厅和用于小型聚会的私密空间之间达到平衡。沿着走廊、门廊、通道穿行，可以抵达公共空间与私密空间；沿着绿色通道行走，可以来到露台、花园欣赏美景，非常方便。

人们在设计房子、房间甚至桌面装饰图案时，除了设置上述提到的有形落脚点以外，还可以设置各种无形落脚点。其中有些是为了满足实际需求而设，比如在客厅中设置至少一把坚固的扶手椅，可以满足那些希望在此有个安乐地歇息的人们的需求。值得注意的是，无论设置何种落脚点，根据实际需求比如伏案读书、使用电脑、营造氛围等配置合适的灯光都至关重要。尽管大部分人都没有意识到这一点，但是当他们置身设备完善的环境时，他们自然会做出最符合自己当下需求的选择。

最后，正如《服饰与美容》（*Vogue*）杂志的传奇主编和潮流天后戴安娜·弗里兰所说："眼睛需要旅行。"这一名言因其先见之明而经久不衰。在打造环境的过程中，无论设计师是希望通过精心布局让人印象深刻，还是希望配备齐全功能，抑或希望打造让人悦目的落脚点，都应该谨记这一名言。

上图：
在这一位于科罗拉多州韦尔的房子里，主卧室套间的通道上设置有一张躺椅，是绝佳的休息之地。慵懒的午后，主人躺在上面可以尽享休闲时光

117页图：
这一位于科罗拉多州雪堆山的房屋，在设计上大胆创新、另辟蹊径。当人们在各个房间之间穿行时，不禁浮想联翩，继而惊喜连连。置身这一户外休息区，可以把附近山上无与伦比的盛景尽收眼底

们？如果一切进展顺利，我们可以运用同样的设置方法，在整座房子里营造出宾至如归的微妙氛围。

最近，我有机会对怀俄明州杰克逊·霍尔的一座房子进行设计，这是迄今为止我所设计过的极为独特、极具活力的住宅之一。这座房子的周边环境非常特别，而在设计过程中，房子的主人提出了各种各样的需求，这对我而言是一大挑战，好在最后我都一一满足。房子的主人过去曾建造和翻新过多处住宅，因此在整个设计过程中，他一直积极参与并乐于出谋划策。更为重要的是，房子的主人在设计方面经验丰富，因此他们充分了解纯手工打造一座非主流的房子有多么错综复杂。

设计中的几何学

埃里克·科勒

尽管数字计算总让我感到头疼，但我对几何学却有着特殊的感情。

当我还是小孩时，我就开始搭建各种"城堡"，所用的材料是球形、圆形、圆锥体、正方形、长方形、三角形的乐高积木。待我稍大一些，父母送给我一台"素描刻蚀"手动绘图仪，在这台绘图仪上，我用简单的线条就可以画出复杂的图案，为此我深深着迷。当我发现在纸上同样可以用简单的线条画出复杂的图案后，我全身心投入其中，用尺子、圆规和一套绘图仪器在纸上尽情描画。就这样，我开始对线条产生迷恋，年少时的信手涂鸦最终演变成设计平面图与建筑立面，引导我开启自己的设计生涯。时至今日，我几乎可以记住所有我曾置身其中的空间，并熟练地把这些空间的平面图绘制出来。

据史料记载，大约在公元前2500年前后，古埃及人出于简约考虑开始运用几何学，其所建造的吉萨金字塔是运用黄金比例的典范。所谓黄金比例，是自然固有的一个数字，是几何学中的一种比例关系。如果室内设计没有运用恰到好处的比例与平衡，内聚动力就会不断缺失，室内设计就达不到预期效果。就我个人而言，如果不遵循比例与平衡的基本原则，我就无法在室内设计中创造"奇迹"。

就在埃及人运用几何学的2000年后，"几何学之父"欧几里得证明了没有宽度的直线是纯粹一维的，是两点之间最短的距离。欧几里得诞生后数百年，罗马建筑师维特鲁威写作了《建筑十书》（*De Architectura*），对规划、设计与建造方法进行了论述。这一著作提出的观点在当时非常先进，它首次向读者介绍了当时的测量仪器，这些测量仪器的改良版一直沿用至今。我在开展室内设计期间，每一天都运用测量仪器。比如，我必须认真测量从沙发到鸡尾酒吧台之间的距离，以保证主人坐在沙发上，伸手即可取到各式饮料。

在西方建筑史上，来自意大利威尼斯的安德烈亚·帕拉第奥被认为是极具影响力的建筑师之一。他著有《建筑四书》（*The Four Books of Architecture*），某种程度上说，这本书是建立在维特鲁威坚实的理论基础之上的。与此同时，帕拉第奥精通建造完美立体，这一完美立体体现了柏拉图所提出的美德。20世纪初期，帝国大厦的宏伟风格得到迅速推广。在此背景下，无论在威尼托、圣彼得堡、悉尼、孟买、哈拉雷，帕拉第奥式窗户、帕拉第奥式拱顶、帕拉第奥式建筑构件随处可见。

看到这里，读者可能会心生好奇：几何学究竟与室内设计有何关系？事实上，几何学与室内设计的方方面面都有关系。数千年来，世界上杰出的建筑师、设计师、建造者，无一例外地都要在几何学的基础上创造建筑。没有了基础几何学，空间与实体之间会缺乏张力，设计平面图、设计正面图或任何结构详图也都无从谈起。

在我的实践中，我通过各种有趣的方式让各种几何形状互相平衡、互相抵消。之所以可以达到这样的效果，我认为应该归功于纯粹的抗拉强度。无论在理论上还是实践上，如果缺乏一定程度的稳定性，物体就会支离破碎。设计师在绘制设计平面图、设计正面图等图纸期间，一直需要解决各种几何关系。对设计师而言，卷尺、水平仪、锤子、挂钩固然重要，但深入了解各构件之间的关系以及它们如何构成一个整体同样重要。

在配置家具与饰物的过程中，几何学大有用武之地，要知道，如果设计师没有掌握正确的空间技巧，一切都是徒劳。在考虑家具位置时，设计师需要运用几何学：应该选择何种高度的桌子与椅子？桌子与椅子之间应该相距多远？在规划灯光设备时，设计师需要运用几何关系：灯光如何照亮空间，如何在空间中投下阴影？在安排布艺饰品、石头、瓷砖等配件时，

119页：

在这一几乎没有墙的房子中，一系列引人注目的艺术作品悬挂在航空材料级别的钢丝上，如同沙龙展上的作品展示那样。几何图案随处可见：割绒俱乐部椅上的方格图案，紫色长沙发上的长枕的图案。由克里斯多夫·斯皮茨米勒设计的绿松石色葫芦台灯、露华浓口红色喷漆咖啡桌、带有珊瑚礁图案的地毯，都为房子增添了奇趣与魅力

设计师同样需要运用几何关系。

几何学可以解释并加强世界的三维特性。如果没有了几何学，我们的世界将变成一片平地。几何学引导我们一步步了解形状之美、形式之美，几何学有助于孩子搭建各种"城堡"，也有助于资深设计师创造精致美观的室内环境，营造引人注目的雕塑感，唯有精通几何的设计师才能营造这一雕塑感。

左图：
这一如同寺院般高高耸立的浴室，镶嵌有带状图案瓷砖，设置有圆形洗浴区，堪称完美比例的典范。自然光从圆形建筑上端的窗口透射进来，让这一空间长久地沐浴在光亮之中。整个场景因为有了亚麻布浴帘的"进驻"而弥漫着柔和气息，浴帘的底部有一鼠灰色色带，与瓷砖的带状图案彼此呼应

设计风格

风格

苏珊娜·卡斯勒

对我而言，风格就是一切。风格是如此富有魅力。我可以用眼睛发现风格，却难以用言语形容风格，因为它不仅可以以多样形式呈现，而且可以横跨艺术、建筑、时尚、设计领域。风格并不限于特定的样式或特定的事物：在内涵上，风格比潮流更为丰富。风格关乎态度以及任何持有这一态度的人。

在旅途中的我们，常常喜欢四处游逛。对我而言，巴黎是风格汇聚的中心。漫步其中，我可以随意走进一家商店，出来就可以以全新的面貌示人。即便是戈雅箱包店外人行道上的一堆行李箱包，也宛如一件件艺术品。置身国外的我们，总喜欢饱览各种风景名胜。事实上，想要把风光尽收眼底，秘诀在于时刻睁大眼睛。

阳光照进我家的卧室——我最爱的工作地点，映在乳白色的墙壁和淡蓝色的丝绸窗帘上，交汇成迷人的蓝灰色，与我挂在床头的乔治·布拉克的复古海报之色调互相呼应（我在法国阿维尼翁跳蚤市场的一个垃圾箱里发现了这一海报，并把它带回了家）。周日的午后，我埋首于时尚杂志、时事杂志与室内设计杂志中，从杂志里撕下各种图片。让人意想不到的是，吸引我的不是《服饰与美容》（Vogue）杂志中图片前景处模特所穿的服装，而是图片背景处落地玻璃门上的精致金属构件。这一细节是我希望牢记于心的。我总是鼓励客户在家里装饰绘画作品，这既有助于他们展现自身的兴趣品位，也有助于他们找到适合自己的设计风格。

风格非常个人化。我们希望从形形色色的人、各种各样的地方、各式各样的物件中，挑选出适合自己的一切。我们每时每刻都面临这样的选择，无论是购买一条裙子还是装饰一所房子。当我们找到自己的风格并把其呈现在工作和生活中时，我们会感到更为舒适自在，因为这一风格专属于我们。风格关乎表现自我。

正如可可·香奈儿所说："时尚转瞬即逝，唯有风格永存。"在服饰选择上，我更为钟爱古典风格。与此同时，我也会巧妙地添加配饰——一个颜色鲜艳的手提袋或一件设计独特的珠宝——以此为古典服饰增添活力与时尚感。我乐于把传统与现代共冶一炉。

在室内设计中，我同样喜欢融合传统与现代。有些客户委托我进行室内设计，因为他们希望让传统风格的房子看上去更具活力。为达到这一视觉效果，有时候我会删繁就简只留下最重要的部分，有时候我会改变色调巧妙添加清澈明亮的颜色。在设计一所房子时，我在饭厅和盥洗室设置了青绿色、粉红色、淡紫色的装饰物，如此一来，人们经过时就会留意到这样的色调；我把客厅的基调设置为香槟色，再添加了一些蓝绿色的靠枕，如此一来，客厅既让人感觉鲜艳缤纷，也让人感觉宁静和谐。我们可以在同一所房子设置不同颜色的物件（如果这些物件都非常重要的话），但是需要掌握好度（室内设计的任一环节都需要掌握好度），因为过犹不及。设计是一门讲究平衡的艺术。

除了保持色调上的平衡以外，我还致力于保持材质上的平衡。在设计上述房子时，我采用了纤维、亚麻、丝绸等不同材质的物件。室内设计就像搭配服饰一样，我们可以让正式服装与休闲服饰互相搭配，比如上身穿一件适合正式场合的丝绸衬衫，下身穿一条个人喜爱的牛仔裤。如此搭配可谓雅俗共赏，于典雅中透出随意，于高贵中透出休闲。

在与客户交流合作的过程中，我乐于帮助他们找到专属于自己的风格，而后把这一风格以三维空间的形式呈现出来。如果一所房子充分体现主人的个性风格，置身其中的主人会感觉更为舒适自在。无论在室内设计还是服饰搭配中，如果你可以挑选对自己有特殊意义的物件，你就可以在生活中变得更为自信、更为快乐。周围的人可以感觉到你的这种变

123页图：

在这一位于亚特兰大的客厅中，摆放有一张奢华的无扶手沙发、两张有机玻璃制成的桌子和一对高级家纺品牌出品的抱枕，营造出轻松休闲的氛围，吸引客人在此聚会畅谈。墙上挂着16幅由克里斯·如斯创作的带框版画作品，既弥漫着艺术气息，也让人浮想联翩。在客厅的中心位置，铺有一张产自土耳其奥沙克的地毯

化，也可以与你更愉快地相处。当你发现了专属于自己的风格时，你就可以充分彰显自己的个性。

无论在设计还是时尚领域，发现专属于自己的风格，可以让生活变得与众不同。拥有专属于自己的风格，可以超越时间而获得永恒的魅力。

右图：
在这一开阔的饭厅中，可反光的涂漆墙壁非常引人注目，营造出和谐舒适的氛围，吸引人们在此相聚畅谈；边角处和护壁板也同样涂漆，让饭厅的装饰风格趋向统一。源自路易十五时期的石灰石壁炉架和由弗朗兹·克莱恩创作的黑白画作，为饭厅增添了别样特色

124

现代复古风格

托马斯·欧布莱

人们常常问我：复古的真正内涵是什么？特别是现代复古的真正内涵是什么？它是指万物起源的一个时期，还是指个体追求的一种风格，抑或是指经历演变的一种氛围？

在设计领域，何为古代、何为复古、何为现代、何为当代之间有着显著差异。人们常常这样定义古董：古董是指拥有至少100年历史的物件或样式。如果按照此标准，复古之物历经岁月洗礼，但不及古董那般历史悠久。然而，在我看来，复古关乎古典，关乎我们不断想要在当下重现的往昔时光。复古意味着为我们所收集与所使用之物增添历史价值，如此一来，整个世界就与往昔时光中的那些人、那些事产生联系。复古让古老循环成为时兴，由此促成了设计的平衡发展。从某种程度上说，当生活变得更为安全或更为动荡（或两者兼之）时，我们往往会被反映往昔特定年代的电影所深深吸引。

现代与复古相对，其内涵同样错综复杂：现代可以指当下发生的一切——当代的那些人、那些事——也可以指发端于19世纪末期的现代运动或现代风格。19世纪末期距今已有100多年的历史，但与古代还相去甚远。

现代与传统相对。就其本质而言，现代指一种心态。纵观设计史的长卷，我发现一个饶有意思的现象：任何时代的物件都可以带给今人以现代之感。源自古代或英国乔治王朝时代的物件，经过一代又一代的流传，可以带给今人以现代之感，因为它们在制作材料上有所创新，在使用方式上有所改进。从根本上说，现代之物不过是富有创造力的人们在继承、融合传统精华的基础上，通过新技术不断进行改良，最终设计出引领时尚的物件。

在风格与理念上，后世广为流行的设计与现代复古风格的设计一脉传承。正由于此，20世纪20年代出品的物件，可以让人回想起18世纪法国出品的物件，因为它们都借鉴了希腊或埃及时期古物的传统风格。正由于此，当下的室内设计中，在材质、色调、房间布局或家具搭配上借鉴现代复古风格可以营造出迷人的效果。正由于此，同一物件或样式可以不断得到改进，不断以最佳状态呈现。

我对新兴之物如何在继承传统的基础上有所发展很感兴趣。由于人们享有集体记忆，因此即便最时尚的室内设计也会给人带来熟悉与亲切之感，也因此每个人生来就有当收藏家的潜质。我力图在设计中体现这种传承：在今日新兴之物中融入复古元素（传统风格和古典风格元素）。我为每位客户搭建连接过去与现在的桥梁，因为人人都需要找到过去与当下的特定联系。

在为曼哈顿的一座顶层公寓进行室内设计时，我巧妙地把现代复古风格融入其中。我简化了色调，并在每个房间里将5种材料以不同方式进行组合搭配。这5种材料分别为涂有清漆的亚麻布、胡桃木、瓷砖、灰泥、镍，它们源于20世纪20年代法国和意大利奢华现代主义的传统。在这一设计中，我的目标是运用这些简约而带有温度的特殊材料，让这一空间既弥漫着现代与复古气息，同时体现欧式风情、彰显生气活力。

很多复古阁楼都保留有传统建筑的构件，可以带给人意想不到的浪漫感与装饰感。在另一个设计项目中，我需要按照19世纪20年代联排房屋的规格风格来设计一座新建的双层阁楼，使其兼具传统与现代特色。在这一阁楼中，狭长而宁静的门厅配上精心制作的镶板门，弥漫着简约风格的楼梯把人们带回当下。几件精心挑选的19世纪古董装饰其中，使传统与现代微妙平衡、互相辉映、相得益彰。

设计的迷人之处在于可以创造融合复古与现代风格的物件，使其历久弥新、魅力永存。这也是重复历史与创造历史之间的区别所在。

127页图：
这是位于中央公园西部路的一处临时公寓，其主人是著名时尚设计师乔治·阿玛尼。在这一公寓的客厅里，设计简约的壁炉（公寓中还有其他几个同样的壁炉）、带有光泽的皮革椅子、精致的深色木制品、羊皮纸色调的亚麻墙纸，营造出休闲而舒适的氛围，吸引人们在此相聚畅谈

左图：
在这一优雅而现代的阁楼里，入门通道
处设置有精心制作的楼梯和精雕细琢的
瑞典带靠背长椅，长椅上装饰有灰绿色
的丝绒软垫和虎纹的丝绒靠枕。设计师
依照客户的要求对这一角落进行设计，
无论在装饰、规模还是样式上，都体现
出欧洲人的审美趣味

现代性

艾伦·万泽伯格

现代性不仅是一种态度，也是观看世界的一种方式：把各种各样的元素以让人愉悦、富有意义的方式融汇于生活之中。现代性可以指当代的一切，但并不局限于当代的一切。现代性无关新奇也无关潮流。现代性关乎简化——减少一切无关之物，只留下必要之物；现代性关乎我们的生活方式；现代性关乎此时此地。为了获得现代生活，我们必须活在当下。

我像所有人一样，回顾过去，展望未来。然而，我不会一味沉湎于过去或未来而忘记了当下的生活。规划未来很有必要，但是根据我的经验，花很多时间规划未来，最后往往收效甚微，因为生活是变幻莫测的。了解到这一点后，我认为人们应该遵循"既来之则安之"的原则，用心尽力过好每一天。为达此目标，提升自我、增强自信、掌握技能是最佳途径。

人们往往容易误解现代性及其在现实世界的体现（即我们称为"现代"的一切）。现代性无关极简主义或任何朴素之物和抽象之物。如果现代性以上述形式出现（现实情况往往如此），它便沦为一种风格或一时兴起的潮流。如此一来，现代性很有可能变得专横无比、心胸狭窄，察觉不到设计领域各种重要而迷人的力量——在我们看来，正是这些力量促成了现代世界的诞生。真正体现现代性的设计，可以让人们在回顾过去、展望未来的同时，有信心、有决心活在此时此地。

在我的设计生涯中，我总是被人们的生活方式、家居布局以及家居装饰所深深吸引，上述种种共同构成了人们在家这方小世界中的体验。参与创造这样的小世界是我毕生的追求。在思考一家人如何自然地进行日常互动时，我尝试去研究各种或熟悉，或陌生，或私密，或公共的空间和场景。我所关注的是人们渴望以何种方式生活、人们希望与何种物件共处一室、如何通过巧妙设置兼顾实用与美观的空间来注入新鲜活力与生机。这正是现代性所关注并能解答的问题。

当代设计往往忽略了规划，然而规划却是追求现代性所需遵循的基本原则之一。建筑师或设计师如何布局安排、如何创建空间，给居住之人带来的影响虽然有限，却不容忽视。曾经闻名于世的"玻璃盒子"房，如今可见于世界各地，在大多数情况下都不宜居住。在设计领域，为了创造和谐美好的未来生活，开放空间与闭合空间之间必须达到平衡。不当规划无法与现代性兼容，它会引起各部分的矛盾冲突。设计师应该合理布局、注意细节，以避免任何有损现代生活的布局或细节出现。

成功的设计师致力于以现代或当代但并非极简的方式创造细节与元素，以此让人们对传统产生亲密之感。设计师的设计可以去除无用、留下精华。无数例子均表明精妙而现代的整体可以由看上去互不相干的元素共同构成，同样地，最优质的现代生活也可以由看上去互不相干的元素共同构成。

131页图：

在这一位于纽约上西区的公寓里，设有一个私人定制的壁炉，这一壁炉仿效乔治·华盛顿·马赫的壁炉（已捐赠给芝加哥艺术学院）而制。壁炉镶嵌有红色瓷砖，弥漫着现代气息。壁炉上的瓶罐全部上釉，由马塞洛·凡东尼所制作。咖啡桌上的雕塑别具一格，由克劳斯·伊伦菲尔德所创作

传统

艾莉克莎·汉普顿

作为一位有志于终身学习的设计师，我热爱设计的传统历史。我尊重现有的设计典范：从古希腊风格到现代风格。无论我是否欣赏亚当所设计房子的扇子造型或弗兰克·劳埃德·赖特所设计的建筑那经过简化与解构的形状，我都必须承认：传统就像我们的父母一样。有时我们吸取其经验教训，有时我们摒弃其陈旧思想，有时我们与其分道扬镳。然而，我们在不同领域包括设计领域的种种举动，都与我们和传统的关系以及我们从传统中所汲取的营养息息相关。作为第二代设计师，传统于我有着更为深层而确切的意义。

设计领域的传统有着丰富的内涵，包括可见的和不可见的。大多数情况下，室内设计领域的传统发挥着支柱作用。在传统的支撑下，房子屹立不倒、岿然不动；在传统的定位下，房子置于一定的环境并与环境产生联系；在传统的指引下，室内设计遵循一定的规范，同时彰显主人的个性特征。

一般而言，建筑本身即体现出历史传统，这对于室内设计助益很大。认识到这一点后，在对英国乔治王朝时代的一所房子进行室内设计时，我构思如何让室内空间体现乔治王朝时代的风格特征，并把这一构思运用到当代的设计中去。纽约的公寓藏身于高楼丛林中，俯瞰着纵横交错的街道，可以说，这些公寓与外部环境几乎没有任何联系。在面对如此秩序缺失、意义不明的空间环境时，传统总能给设计师带来启示。从传统出发，设计师可以探寻到无数种可能的设计方案。在某些地区，传统以特定颜色出现：亚洲寺庙的常见颜色——红色——与当地红叶的颜色相映成趣；可以柔化烈日之刺眼光芒的色调一次次出现在加勒比海上；斯堪的纳维亚半岛上的浅紫光蓝色，让人联想到北极光映照在水面所呈现的冷色调。除此之外，威尼斯的豪华住宅、巴黎的时尚公寓也值得一提，其建筑本身即彰显传统特色，因而设计师

在进行室内设计时，运用了与传统相对的国际流行风格。事实上，如果没有高迪设计的传统建筑，就不会有现代巴塞罗那椅的诞生。

在设计领域，传统元素承载着随时间流逝而不断积累的寓意。比如，伴随新古典主义而来的图像，总是以权力及掌权之人为表现主题。在这些图像中，希腊人、罗马人、拿破仑、联邦主义者等在形象上有所相似，这种相似并非偶然，因为这些图像均旨在表现重权在握的人物。凯撒大帝的宫殿尽显皇家气派，美国中西部的联邦银行予人庄重威严之感——如此设计元素为建筑空间注入思想、情感或期待。如今，当人们重温这些传统设计元素时，可以瞬间联想到往昔的辉煌历史。

齐本德尔设计的家具和英国摄政时期出品的家具以粗犷的线条呈现，比德迈式家具把简约风格发挥到极致，这都让我联想到男子的阳刚气概。同样地，路易十五时期或维多利亚时期出品的家具以充满想象力的曲线呈现，这让我联想到女子的温柔气质。上述传统的家具设计充满象征寓意，时至今日，这种寓意依然存在。家具和色调、材质一样有着自身的寓意，可以成为设计师的得力助手，协助设计师传达自身理念。在房子里设置一把洛可可风格的椅子，可以瞬间营造出壮丽与浮华的氛围，也可以增添如同雕塑一般的装饰，还可以发挥椅子的实际功能：为人们提供可坐之处。

我对美国设计总是情有独钟。在追求设计风格的过程中，美国设计师总是可以从各种风格传统中自由选择，这些风格传统可能源于美国，也可能源于其他国家。在美国，无论设计领域还是宗教领域抑或烹饪领域，相关人员博采众长、集思广益，这都体现了美国多元文化融合的特征。我不认为从多种传统中汲取营养是无知蒙昧之体现，相反，我乐于把这一过程视为不断开拓的过程，乐于把设计师视为融合大师。设计师可以自由地运用各种设计法则，

133页图：
布鲁特斯的雕像摆放在威廉·肯特设计的桌子上，这一桌子为设计师的父亲马克·汉普顿所有。桌子上的涡卷装饰雕刻花纹，与摄影师马西莫·列斯德里拍摄的《博美廷城堡之窗》互相呼应

自由地在建筑设计与室内设计之间游走。尽管美国设计有时大获成功，有时宣告失败，但它一直在前进的路上不断调整与发展。时至今日，历史上优秀的设计作品已经可以通过电子屏幕呈现，模仿特定风格的装饰物品似乎只能在博物馆中才能引起注意。对我而言，在室内设计中运用传统元素，可以更好地展现主人的独特个性、兴趣爱好与热衷的生活方式。尽管"尊重传统，多元融合"的说法最近才兴起，但回顾美国的设计史，可以发现美国设计一直充满创意、丰富多元。

传统元素充满寓意，而这正是传统元素存在的价值。永远不要把借鉴传统等同于墨守成规。事实上，在室内设计中，借鉴传统可以为室内空间注入无限生机与活力，可以帮助设计师传达设计理念、营造理想效果。

左图：
纽约住宅的客厅，普遍流行充满秩序感的对称设计。在这一客厅中，书架摆放在壁炉架旁边，如此设置非常巧妙：事实上书架也是一道通向饭厅的暗门。壁炉上方挂着马克·戴尔西欧创作的《科西尼宫》。覆盖有帆布的法式扶手椅成对出现，构成一种有趣的并置

吸引力

凯莉·威尔斯特勒

吸引力关乎情感，关乎个性。吸引力并不局限于特定的风格或特定的时期；吸引力与其所吸引的对象之情感密切相关。

我相信自己的直觉，同时勇于打破常规，就这样我形成了自身的审美理念。在我的设计生涯中，我一直保持着对新鲜事物的渴望；作为艺术家，我永远乐于探寻新鲜事物。整个世界都充满新鲜之物——比如一次旅行、一段历史、我儿子创作的一幅画，让我从中获得灵感与启示，进而让我的品位与爱好得到重塑。在开始这段探寻之旅时，我坚信自己需要学习多种技能。因此，在装修我的第一所公寓时，我亲手安装了硬木地板。在我看来，保持好奇之心是艺术家的首要任务也是必要任务。一切的奥妙就在于勇于探索。对我而言，想要创造吸引力，同样需要学习。

想要让设计充满吸引力，可以从传统范例中获得启示：设置枝形吊灯、旋转楼梯、落地门窗或运用富有寓意的色调。此外，灯光也发挥着不容忽视的重要作用。恰到好处的灯光设置，可以让橱柜充满吸引力。

想要让房子充满吸引力，需要密切关注细节，比如设置合适的装饰或完善厨房的设备。此外，巧妙地营造神秘感也非常重要，留出空间让人们发挥想象，留出空白让人们自行补充。

我一直认为大自然是最好的设计师，其原始之美充满吸引力。大自然告诉我们：吸引力可以寂静无声、自然而然地生发。只要选址得当，建筑自然可以吸引人们的关注。迷人的风光无法复制，顺势而建、顺应自然方为上策。比如，我会采用大理石花纹，让其与窗外颤动的叶子彼此呼应；又比如，我会采用弥漫着安静色调的碘钨灯，以凸显室外的蔚蓝大海。营造恰到好处的环境氛围，有助于引导人们进行相应的活动。

大自然的无声吸引力总是让我叹为观止。比如，意大利的大理石采石场保留了原始的对

左图：
这一房子位于加利福尼亚州贝尔艾尔，房中设有化妆室，墙上的镀金木板上镶嵌有古董镜子，点缀有古铜色。带褶皱的皮革沙发和涂漆的俱乐部椅，营造出"好莱坞摄政"装饰风格

138—139页图：
在这一位于华盛顿州默瑟岛的房子里，通道上镶嵌有3块彼此连接的大理石，由此形成的图案为地板增添了活力。墙上涂有黑玛瑙色调的油漆，天花板上满布条纹，共同构成一方充满吸引力的空间。天花板上配置有复古灯饰

称布局，贝壳以简约的形态出现。凡此例子都表明：越是简单，往往越有吸引力。吸引力源于生活又高于生活，它可以化平凡为不凡，可以融合实用与美观，可以"言有尽而意无穷"。在当下这个追求休闲、舒适至上的时代，我们遇到了以下难题：吸引力是否已经退出历史舞台？人们如何在日常生活中得到艺术滋养？

作为设计师，我最为欣赏的品质是坚毅与创造力。我坚信住宅中的每一物件都可以兼顾实用与美观，每一房间都可以成为一件艺术品。最为重要的是，无论客户预算多少，设计师都可以打造绝佳的室内设计。在我看来，物件的吸引力源于其背后的故事。正由于此，时至今日，跳蚤市场仍然是我最爱前往的采购地。室内设计如同讲述故事，我需要找到可以发声的物件，因而我希望在跳蚤市场中寻得有灵魂的椅子。

在现代社会，吸引力有时会被认为微不足道，有时会被认为是故弄玄虚，有时会被认为是种错觉。诚然，吸引力可以让人们暂时逃避现实而沉浸于幻想之中。然而，将其作为一个群体的理想——过充满吸引力的生活——是让人振奋且影响深远的。这一理想预示着我们立志成为最好的自己。这一理想引发我们的想象，燃起我们的斗志，激发我们的渴望。这一理想意味着我们有信心超越自我，创造卓越。这一理想指向一个让人不可思议却备受鼓舞的地方，在那里，平庸与沉闷无处藏身。吸引力最深层次的内涵在于，它让我们相信我们的理想有朝一日终会成真。

吸引力就像爱一样，只可意会不可言传。吸引力可用以下关键词形容：瞬间迸发、无法预料、不可思议、专属个人。我最欣赏那些可以引起强烈共鸣的地方。如果我们的住宅在讲述一个故事，为何不让它讲述一个充满吸引力的故事呢？吸引力存在于日常生活之中，存在于物件背后的故事之中，它让我们感到理想尽管难以捉摸却并非遥不可及，它让我们斗志昂扬的同时满怀希望。

简约

杰西·卡里尔、马拉·米勒

简约不仅是一种风格，更是一种心境。从本质上而言，简约是休闲生活理念的体现，简约设计是休闲生活理念在设计领域的体现。人们如何过上轻松自在的生活？设计师如何实现人们的这一愿望？每个人对简约都有自身的理解，设计师的职责在于发现客户对简约的理解。简约并不一定意味着生活简单、有序、朴素。简约是一个删减过程，在此过程中，设计师遵循减法法则决定去掉什么、留下什么。

在人类天性的驱使下，人们热衷于储存各种物品，以此让家变得舒适而完善。然而，如果家中堆积了太多物品，哪怕每件物品都很精美，也会形成一种压迫感。过于密集而拥挤的空间——家具密布、物品繁多、颜色缤纷、图案多样——往往会给人带来身体与视觉上的不适。这是因为这一空间不仅受到限制，而且也缺乏必要的留白，如此一来，人的眼睛得不到歇息，自然无法欣赏眼前之物。元素太多往往导致整体感的缺失，或至少导致整体感的模糊（设计师正是运用整体感来引导观者视线，创造能量与动感）。因此，随着时间的流逝，再奢华精致的空间也会变得毫无生气。

人们往往出于情感需求或身体需求而非审美需求来进行简化与删减。简约的室内设计不仅让人赏心悦目，也让人身心舒畅。设计师通过不断增加、删减、调整物件，让置于不同位置的元素共同发挥作用。寻找到恰到好处的平衡是设计师面临的难题之一，从某种程度上说，这是因为平衡对不同的人而言有着不同的解读，在不同项目中有着不同的体现，特别是不同物件承载着不同的寓意与故事。删减过程往往是循序渐进、井然有序的。伴随物件的移除、重置、汇聚，最终使空间更为悦目也更为舒适；这一改造过程有时会很快就吸引客户，有时则需要一点时间。简约的设计风格也许要经过一番探索才可以实现，然而，简约与多样相对，唯有在简约的映衬下，多样才会得到彰显。

不同的风格以或简约或精巧或奢华的形式出现。显然，浑然一体、自然雅致的空间是简约设计的体现。想要构建极简的空间，必须讲究精确，因为每种色调、每种材质都发挥着重要作用。越是奢华精巧，越是难以产生舒适感。当室内设计师把简单发挥到极致，把细节完全弱化，人们的目光自然会长久地聚焦到室内仅存之物上。

原始质朴的室内设计体现着另一种风格、另一种简约（此种简约源于自然主义与实用主义）。简朴的室内设计虽然布局和装饰较为简单，可这种简单却恰恰体现出别样的精巧。如此简约设计把生活的缺陷美展露无遗，因而显得格外真实、亲切、迷人。家具去除修饰、浑然天成，以本来面目也即最佳状态呈现。我们目之所及、手之所触皆为简朴的家具与物件，这些家具与物件只为满足实际需求而制，其表面往往不经打磨、原始粗糙，仿佛在诉说着一个个故事，又仿佛留存着手工艺人双手的温度，让人感受到真实之美与质朴之美。

关于简约的室内设计，有人认为它与充分运用空间、充分利用物件密切相关。空间所包含的一切都必须满足实际需求：家具表面可以擦拭，垫子表面可以防水，地毯颜色可以耐脏；有人认为它预示着家可以像机器一样自行运作，居住其中的人们过着井然有序、舒适安逸的生活；有人认为它体现在设备齐全、装修完善的家中，在这里，每一物件都不可或缺；有人认为它代表着不进行任何设计、不添加任何装饰。

想要实现简约的室内设计，需要经过一个复杂的过程。在此过程中，设计师需要进行一系列的周密规划与精心布置，但要注意在这系列规划与布置中不要固守规则。运用规则也许有助于简化，但是固守规则需要耗费大量精力。尽管我们的生活并不完美，但简约的设计可以让我们的生活更自然、更舒适、更美好。

141页图：

这一房子位于佛罗里达州西海岸的加勒比海地区，体现出殖民时期的建筑风格。饭厅里只设有一盏以石膏制作而成、弥漫着佛兰芒风格的枝形吊灯，在法式古董餐桌的映衬下透出清新气息。复古椅置于淡色环境中，与之形成鲜明对比。弗兰克·斯特拉创作的石板画，巧妙地为饭厅增添了热烈而明亮的色调

左图：

在这一位于纽约上西区的公寓里，有一张传统风格的英式沙发，上面铺着亚麻布软垫，这既呼应了传统，又带给人舒适之感。此外，还有一张设计简洁的咖啡桌（帕森斯设计学院出品），与旁边的座椅互相搭配。斯蒂芬·安托森的半身雕像摆放在高高的基座之上，人物的严肃神情与高贵气质得到显现

生机

 安东尼·巴拉塔

优秀的室内设计总是充满力量。无论是寓意隐晦还是寓意明确的室内设计，都可以改变我们的思考方式与感受方式。尽管我欣赏宁静低调的室内空间，但我更为欣赏颜色缤纷、图案多样、创意迸发、自由舒适的室内空间，也即充满生机的室内空间。

常常有人问我，如何创造充满生机的室内空间？在我看来，只要欣赏一下亨利·马蒂斯的画作《宫女》即可找到答案。大师笔下那夸张的色调、写意的线条、极具张力的图案，充满感官刺激与异国情调。画作《宫女》所展现的勃勃生机正是现代设计师希望在室内设计中创造的。无论在绘画题材还是表现手法上，马蒂斯都勇于创新、另辟蹊径。传统元素与现代元素形成强烈对比，赋予马蒂斯的画作以无限生机与活力。勇于创新，是创造充满生机的室内空间的关键途径。

在进行室内设计时，设计师首先要对建筑进行研究，从中了解如何布局最为合理。诚然，优质的建筑有助于室内设计的顺利进行。但是，设计师应该时刻谨记：优质的室内设计既有助于发扬建筑的优势，也有助于回避建筑的不足。建筑师与设计师携起手来通力合作、发挥想象，才能创造充满生机的室内空间。20世纪30年代，由卡洛·斯·德贝斯特古建造、勒·柯布西耶设计的巴黎公寓即可充分说明这一点。这一建筑在外观上呈现简约的现代主义风格，在内里呈现浮华的巴洛克风格，两者和谐融合，营造出极佳的效果。这一设计范例影响着像桃乐茜·德雷帕这样的设计师，也影响着追求"好莱坞摄政"风格的设计师。

毫无疑问，色调是传达理念最为直接的工具。每种色调都有其用武之地，但一般而言，运用红色比运用米黄色更有利于创造充满生机的室内空间。南希·兰卡斯特所设计的房舍运用了奶油黄色，大卫·希克所设计的画室运用了十种深浅不一的红色，比利·鲍德温所设计

左图：
在这一充满生机的客厅中，由美国极简主义艺术家弗兰克·斯特拉创作的不规则图案油画占据了显要位置，非常引人注目。地毯和抱枕上生动有趣的几何图案与两把扶手椅（20世纪中叶出品）和垫脚软凳（专门定制）的简洁线条构成微妙平衡

146—147页图：
在这一讲究均衡的家庭活动室中，活泼的橙色家具成为主角，定制的地毯上满布鲜艳的亮色色块与柔和的中性色块。艾诺克·佩雷创作的油画置于不对称壁炉的左边，约瑟夫·博伊斯创作的黑白粉笔画则挂在壁炉右边组合沙发的上方

的住宅运用了高贵的蓝色，马克·汉普顿所设计的样板房运用了巧克力棕色，凡此设计范例都对后世产生了深远影响。尽管上述每所房子都独一无二，但它们都在色调上"大做文章"，通过特定色调传达特定寓意。一个人的色调偏好可以体现其个性。我偏爱鲜艳色调，美国米高梅电影制片公司出品的音乐剧同样偏爱鲜艳色调。运用色调创造生机的过程中无规律可循，但我更青睐于经典的配色方法，比如在蓝色调和白色的基础上再加入鲜亮的颜色，如橙色等。

创造舒适感同样是创造生机的重要途径。家具不仅应该让人愉悦，也应当合理摆放以符合实际需求：有助于人们看书、观景或交谈。置身美丽的织物、帷帐与地毯之中，那种被包围的感觉可谓妙不可言。

除了色调、舒适感以外，图案同样让我深深着迷。图案层层叠加也许是家居设计中最难处理的环节，然而对我而言，图案叠加却是最有趣、最充实的环节。格子图案、花纹图案、条纹图案、几何图案以及各种混合图案，都是我关注的对象。房中的所有元素都可呈现出图案，包括木地板、窗玻璃、架上的书籍等，这一点值得引起我们注意。

此外，运用大小比例也是创造生机的重要途径。为了创造宏大格局，我们需要运用大型家具。加利福尼亚州的著名设计师迈克尔·泰勒深谙此理——大型家具可让房间看上去更为广阔，其设计作品充分展现了何为充满生机的室内空间。增大比例同样是我乐于运用的手法，因为增大比例，可以对其他设计元素产生影响。

总之，所有设计精妙的房子都在讲述故事，而充满生机的房子则讲述了关于色调、舒适感以及生活方式的故事。

家

伊夫·罗宾森

家犹如实验室一般，置身其中，我们可以发挥创意、自由交流。对家人而言，家不仅可以体现家庭成员的兴趣爱好，而且可以让上一代人的价值理念（通过设计）传递给下一代人。

我所承接的设计项目多为家庭项目。每完成一个项目，我都能从中吸取新的经验教训，以便日后更好地为客户创建迷人而舒适的家。我的室内设计既弥漫着现代气息又充满奇思妙想，其魅力不会因时间推移而消逝。我相信，设计应该和人一样拥有寿命；我相信，家是井然有序之地，在这里，大小比例达到均衡，物品之间留有空间；我相信，家应该融合过去与当下的元素，唯有在对比中，当下才能凸显；我相信，巧妙运用色调，可以让家变得丰富、统一、温暖。

每个家都有自身的特色，都能体现家庭成员的性别、年龄、个性、习惯、兴趣、癖好、迷恋、信仰。在构思如何设计自己的家时，你应该思考以下问题：你的家人享受怎样的生活方式？你遵循怎样的原则？你是否会进屋脱鞋？你是否介意把食物放在厨房以外的地方？你养的猫是否有尖爪？你养的狗是否需要待在狗窝？你喜欢怎样招待客人？是否有哪些房间不允许孩子进入？是否有哪些活动适合全家共同参与？这些问题可以引导你做出正确选择。如此一来，你的家不仅具有实用功能，也凸显你的个性品位。

常常有客户向我抱怨：家中有些房间从来没有用武之地，有些房间让他们感觉不舒服。当下很多父母都希望可以融入孩子生活的方方面面，因此每一个房间都应该成为家的有机组成部分。众所周知，厨房曾是家的中心区域，其功能不仅在于为人们提供烹饪与进食之地。过去独立的饭厅由新型开放式饭厅替代，在这一新型饭厅中，人们可以工作、学习、休息、娱乐。

正如合理布局的家可以促进社交活动一样，合理布局的独立房间还可以增进亲子关系。家具的布置与搭配影响着人们的交流方式。比如，在家庭活动室中添置L形组合家具和软垫椅，可以让家人聚在一起或玩游戏，或做作业，或谈天说地。比如，设置灯光充足、舒适迷人的阅读空间，让父母在这一空间给孩子讲故事，可以增进亲子关系。比如，在儿童房中添置带脚轮矮床，让孩子邀请朋友到家中举办狂欢派对，可以促进孩子之间的交流互动。

与人们的惯有想法不同，在家中，实用与美观并非不可调和。在家中，家具的材质可以既耐磨耐用，也带给人审美愉悦。在我的公寓中，门厅处铺有我设计的一款罗马风格的马赛克地板。地板经过打磨可以映射灯光，为入口处增添光彩；地板也可以承受摩托车、自行车、带泥靴子的践踏；地板还可以轻松清洗。简朴却时尚的木质长椅，为人们提供了穿鞋换鞋，摆放背包、足球和手套的绝佳之地。由此可见，实用与美观可以联手为人们服务！

在纽约城这样一个房子供不应求的地方，每寸空间都应得到充分利用，只有这样才能确保每一物件（如服饰、书籍、玩具）都有安居之所。在此情况下，专门定制的组合家具可以发挥妙用，它把床、书桌、游戏区与储存室融为一体——也就是说，即便孩子把这里弄乱了，收拾起来也非常方便。精心设计、井然有序、艺术气息浓郁的家，可以让孩子学会发现美、欣赏美，也可以让孩子插上想象的翅膀自由飞翔。

我的孩子们已长大为青少年，我从他们身上获得了很多启发，我懂得了优质设计对于家庭生活的重要意义。最重要的一点：设计应该吸引不同年龄段的人们。孩子喜欢玩耍，这一点应该在家居设计中有所体现。孩子让我认识到，色调与图案不仅可以运用于儿童房中，也可以运用于整所房子中，如此既保留房子的精巧风格，也增添无限活力。由此可见，为家庭

149页图：

公寓的主人是一对年轻父母及其4个女儿。在这一公寓中，饭厅发挥着举足轻重的作用。无论是正式宴会还是生日派对都在这里举行。精致的吊灯由知名品牌罗伯迈出品；定制的桌子由孟加锡黑檀制成；带条纹的画作由卡拉莫·伊内斯创作；背景处的红色油画由凯特·谢博德创作

进行家居设计同样充满难度。

　　室内设计如同家人一样，会随着时间的推移而不断变化发展。设计师应该有长远目光，能够预知到家庭未来的需求变化。无论孩子年纪多大，只要他们置身于精心规划的家中，日复一日，自然可以学到如何欣赏好的设计、如何在生活中创造美。家是分享的地方、创造的乐土，在这里，每个人都可以成为最好的自己，从而组成最好的一家人。家居设计是实现这一美好愿景的最佳途径。

右图：

在这一弥漫着现代风格的家庭休息室中央，有一张由延斯·里索姆设计的沙发，沙发上方挂着一张由奥利沃·巴尔比埃利拍摄的缤纷照片。由铜和玻璃制作而成的咖啡桌上摆放着畅销书和彩色绘本。呈渐变色调的窗帘由羊驼呢制作而成

注重细节

苏珊娜·莱茵斯坦

当我不再满足于翻阅母亲那摆放整齐的过期杂志《时尚》（*Flair*）、《住宅与庭园》（*House & Garden*）、《服饰与美容》（*Vogue*），而开始选购符合自己品位的设计杂志时，我认识到明亮色调与大胆配色是彼时的潮流趋势。我完全顺应了这一趋势，在自己的第一所公寓里，我把客厅涂成铬黄色，把厨房涂成蒂芙尼蓝色，把厨房中的椅子涂成橙红色，把卧室涂成巧克力棕色和竹叶青色。时至今日，如此大胆另类的颜色搭配依然广受欢迎，因为它可以带来强烈的视觉冲击，营造生动而热烈的氛围。

室内设计的方式丰富多样，我特别钟情于其中一种：运用微妙的色调变化、有趣的搭配并置，让各种元素融为一体，营造宁静和谐的氛围。在营造室内氛围上，最微小的细节也可以创造巨大的变化。因此，在设计过程中，我注重雕琢细节更甚于其他环节。

有些长期生活在拥挤环境中的客户，向我表示他们希望把家改造成"世外桃源"，让他们置身其中可以暂时远离成堆的工作、喧嚣的世界，至此我才真正领悟到细节在室内设计中是如此重要。巧妙运用低调朴素的色调、材质、灯光、家具、配饰，可以打造一方精巧别致、抚慰人心的天地。

在对建筑进行改造和制订设计方案之后，设计师需要谨慎地选购家具。无论选购新式家具还是古董家具，都需要注意材质与装饰。我曾购买多张古董椅，它们虽历经岁月洗礼——或涂漆掉落、木材显露，或镀金脱落、花纹磨损，可当它们置于房中时却能和谐共存，散发别样魅力。我曾购买产自亚洲的小巧别致的桌子，桌子涂有40层漆，因此桌面呈现柔和的波浪纹。我曾定制现代风格的桌子，它有着光滑的油漆桌面和简洁的铜制桌脚。我曾定制极简风格的桌子和椅子，它们装饰有拉菲草的织物和上过釉的亚麻布。

在选购家具的过程中，家具的垫衬物同样值得注意。垫衬物不一定要十分炫目才能发挥装饰作用。同一垫衬物可由不同材质混搭而成，比如生丝衬边、细绒棉布、比利时亚麻布可与上蜡皮革、山羊皮革、丝绒混合搭配，但它们在色调上需要和谐统一。有些垫衬物的材质为福尔图尼印花棉布或手工制作的亚麻布，其图案色调氤氲，看上去犹如一幅梦幻的水彩画。在选择垫衬物时，选择一家专门提供定制服务的工作室非常重要。此外，选购装饰家具用的贴边、穗带等同样需要谨慎选择。

铺上草席不失为一种装饰方式，草席色调自然，或呈灰白色或呈中褐色。铺上古旧毯子也是增加室内图案变化的一种方式，毯子在岁月的打磨下越发散发别样魅力。

把室内空间——包含天花板、墙壁、装饰——视为与建筑和谐统一的整体。在室内空间中，选用有着相似色调但闪耀着不同光彩的物件——比如纯白色的墙壁搭配乳白色的木质饰物——可以营造轻盈而清新的氛围，让置身其中的人们仿佛飘浮于云端。巧妙运用色调，合理配置家具，可以创造一个完美的室内空间。

无论传统还是当代的艺术品都可用于室内装饰，但注意艺术品只是一种装饰，增添艺术品要以打造美好宜居生活环境为目标。除嵌入式灯具以外，还需设置其他可见式灯具，这样才能把室内空间照得亮堂堂、暖洋洋。以传统中式陶罐为造型的灯具让人赏心悦目——那精美陶罐仿佛闪耀着光芒。以青铜或黄铜为材质的极简风格落地灯同样引人注目。如此灯具与造型简洁、色调柔和的丝质或亚麻布家具放在一起，会构成和谐而有趣的并置。

此外，还有一些物件可用于室内装饰，有助于营造精微细致的氛围。比如，我欣赏仅剩黯淡的银灰色镜面、只能依稀照出人影来的古旧镜子；我欣赏产自谢菲尔德、散发柔和光泽的古董银器，它们默然静立，与周边的铜器相映成趣；我欣赏如银般闪耀光泽的陶器——源

153页图：

在这间房子里，墙上贴有着色的中国宣纸，装饰有一对古典风格的烛台，这对烛台源自莱茵斯坦的丈夫在纽约的家（其童年在此度过）。瑞典古斯塔夫风格的长沙发，配有带浮雕图案的丝质垫衬物；沙发前摆放着产自荷兰的精巧木架。地板的图案源自艺术家鲍勃·克里斯蒂安为一座威尼斯教堂所绘制的图案

自 18 世纪末期，有"穷人的银器"之称，它们的边缘已然变黑，却因岁月沉淀而散发独特魅力。

当你停留在边边角角皆写满精致的房子里越久，你就越能体会细节对于营造宁静和谐的氛围有多重要。在这里，所有物件都设计精美，所有物件都融为一体，共同营造宁静和谐的氛围。

右图：
在这一房子里，深褐色的墙画源于艺术家鲍勃·克里斯蒂安所绘制的画作。风格不同、形态各异的椅子源自18世纪，大理石壁炉架上的客迈拉木雕源自路易十六时期。或上色，或镀金，或上蜡的木材表面与各式各样的材质为这一空间增添了耐人寻味的氛围。天花板涂有白漆，可以反光

让人乐于亲近的空间

提摩西·克里根

我们都曾有过如此体验：步入一所房子，却仿佛听到喃喃低语："眼看手勿动！"究其原因：其一，这些房子的设计是那样天马行空、挥洒自如，让你感觉到这完全不符合你的风格品位；其二，这些房子是那样整洁干净、井然有序，它们静默无言，却暗示你不要进入其中破坏其现有格局。

作为一个设计师，我始终持有这样的观点：无论一所房子有多精美，如果它不欢迎人们进入其中，它就不是一所精心设计的房子。

如何创造好的室内设计？其秘诀就在于让人们产生一种微妙而特别的感觉——它欢迎你进入其中，它召唤你成为这一空间的一部分。

无论人们在我所设计的房子里停留多久，他们离开之时都会感叹道："这是我所见过的极具吸引力且自然舒适的地方之一。"然而，饶有意思的是，当人们看到这些房子的照片时，他们首先感受到的却并非这种吸引力与舒适感。我一直相信，我所创造的房子需要有人置身其中，才能成为一个完整的整体。

那么问题来了，如何让那些看似无足轻重的东西，那些当人们首次踏入房中不会马上留意到的物件向人们传递出这样的信息：欢迎进入这一空间。

首先，设计师需要对房子所弥漫的氛围有敏锐触觉。色调在空间氛围的营造上发挥着重要作用：巧妙运用色调，可以把设计师所希望营造的氛围最大化。配置家具时，需要遵循一定计划与流程；家具太少或家具太多都会破坏氛围。配置家具时，还需要注意比例协调。比如，在一所房子里，如果天花板很高大可家具却很低矮，会让居住其中的人们产生渺小之感。

其次，设计师需要注重营造舒适感。我们都曾有过如此体验：坐在外表精美的椅子上却如坐针毡、浑身不适。

在选择座椅方面，首先要考虑它们是否符合人体工学，是否让人感觉舒适。此外，还需考虑它们是否比例协调；椅子太小或太大都无法给人带来舒适感。如果你希望凸显某一区域，可以运用除椅子以外的其他物件。

再次，设计师需要考虑实用性。没有人希望在喝红酒或喝水时，把红酒或水洒落在古董边桌上。想要创造让人乐于亲近的房子，有效的方法之一在于让室内设计充分体现主人的生活方式。当下有各种各样的优质材料可供选择，只要设计师合理选择材料，就可避免如酒水洒落这样的情况。给精美的古董家具涂上船舰所用的清漆，如此一来，水杯或咖啡杯就可随意放在桌上而不必担心留下痕迹。

此外，设计师需要注重灯光设置。如果房子配置了过多顶灯，灯光齐刷刷"从天而降"，房子看上去会显得单调乏味，也就无法吸引人们进入其中。无论白天还是黑夜，灯光都可用于凸显某一区域或某一物件，使其有别于其他区域或物件。在房中各处设置不同的灯具，可以让房子沐浴在灯光之中，也可以有助于划分房中的不同区域。我们似乎都乐于聚在温暖的灯光下——无论它是一盏台灯还是一个新装的LED灯管。还有一点值得注意，房中需要设置营造整体氛围的灯具（比如吊灯），也需要设置满足特定需求如阅读或工作需求的灯具（比如台灯）。

最后，设计师需要注重彰显主人个性。让人乐于亲近的空间，无一例外都能引起人们的兴趣而非让人们望而却步。为达此目标，设计师可以在房中陈列各种物件：书籍、艺术品、在附近街区或世界各地收集来的纪念品等。最为精美的物件与最为普通的物件并置——比如把古旧的木雕与闪光的金属制品摆在一起——往往可以产生有趣而微妙的视觉效果。在房中设置各种赏心悦目之物，可以带给人们惊喜，或激发人们的好奇之心。除了视觉元素以外，还可运用音乐或香薰来营造一所充满生机活力、让人乐于亲近的房子。

157页图：

这一豪华别墅位于法国，在客厅中，庄重华美的建筑与简约寻常的装饰似乎构成某种不协调——软垫式沙发座椅配有户外家具面料，产自伊朗大不里士的古旧地毯铺于地上，源自不同时期的艺术品点缀其中。可事实上，这一客厅却让人乐于亲近，让人感到轻松自在

每个人都值得拥有一所属于自己的美好房子。而那些设计理念成功的房子，往往欢迎人们进入其中，并让人们有机会成为更好的自己。

158

奢华

汤姆·舍雷尔

室内设计往往与奢华设计画上等号。室内设计师在设计的过程中总不可避免地追求奢华风格。因为客户委托设计师进行室内设计，是希望获得有别于寻常、专属于个人的住宅寓所，这种特别之处往往体现在珍稀且昂贵的家具或装饰之中。

社会对奢华之风越来越趋之若鹜。过去在消费上如清教徒般的节制传统——这一传统曾带来一些清新而美好的设计方式——早已被人们所遗忘与摒弃。广告和媒体不遗余力地鼓吹奢华，以至于许许多多的美国人都委托设计师进行室内设计，他们似乎都向往同样的奢华之物：丝绸、丝绒、时尚艺术、大理石覆盖的浴室、上万元的厨房炉灶，还有空间广阔、规模宏大的豪华建筑。

然而，不运用上述奢华元素也可以创造奢华的室内设计。事实上，对设计师而言，不运用这些奢华元素而创造让人感官愉悦的奢华空间是一种很好的实践。因为如果设计师要避免这些寻常可见、约定俗成的奢华元素，就不得不对奢华的定义进行重新思考。如果设计师可以以自己的方式重新定义奢华，就可以彰显专属于自己的设计风格。

真正的奢华源于一种想象。我对奢华有着自己的清晰理解，这种理解没有因时而变。我曾接过一个设计项目，项目中的房子位于峭壁之上一个不通汽车的村庄里，置身其中，往西可眺望美丽海景。房子有一面面白墙；有一个石头砌成的阳台，葡萄藤、果树在此洒落一片绿荫；有一个厨房，厨房中的灶台可用来烧柴煮食；有一个卧室，卧室里的床朝向窗户，窗外海风习习吹来。

坦白而言，我的客户都不希望自己的房子呈现原始朴素的风格。这反而有助于我更好地了解自己的想象，因为正是在想象的引导下，我才能为客户制订各种各样详尽而完善的设计方案。在室内设计中，我尽量减少运用闪亮的物件和华美的装饰，而更倾向于展现桌子、椅子和沙发本身如同雕塑般的轮廓与美感。

我告诉客户：只要他们想要，他们就可以拥有大理石覆盖的浴室或昂贵的冰箱。但与此同时，我也告诉客户：如果他们希望享受美好生活，这些奢侈之物不过冰山一角，实际上并没有那么重要。比如，设计一扇窗户比配置大理石更为重要；在厨房烹制什么菜肴或以何种方式上菜比厨房配置什么用具更为重要。我和客户分享的多为我的经验和看法——何为真正的奢华，何为奢侈之物的堆积。

在我的设计生涯中，我总是尽量避免运用寻常可见的奢华之物。除了偶尔选购丝绒沙发以外，在我30年的职业生涯中，我大概从未购买过任何奢华之物。在我看来，真正的奢华体现在房子的位置、房子的定位、房间的结构和房中家具的搭配上。

材料也可以是奢华的一种体现。优质材料总是非常引人注目。但是，如果你对不同的材料有不同的看法，这可能会影响你在房中营造的不同氛围。比如，如果你考虑运用纺织物，表面粗糙的纺织物和表面光滑的纺织物会带给你不一样的感觉。又比如，如果你欣赏马海毛织物和亚麻布的属性特点，在你眼中它们就与丝绸、缎子一样奢华。对我而言，奢华往往和手工制作密切相关。手工制作的棉布或羊驼毛毯散发出奢华的魅力，这种魅力是机械化织布机生产的织物所不具备的。

奢华是否一定意味着昂贵？这取决于你对奢华的理解。"奢华"一词预示着你需要向前走一步或往上跳一跳才能够得着它。但是，奢华也可以非常简单，就如同你在超市琳琅满目的商品中挑选了柴鸡蛋一样。

唯一可以肯定的是：奢华在未来会有不同的面貌。全球人口持续增长，自然资源不断缩减。长此以往，年青一代设计师会更倾向于走朴素风格路线。他们在设计中融入现代主义的

161页图：
在这一位于佛罗里达州朱庇特岛的住宅中，客厅空间广阔，设有奢华的休息区，休息区中有转角沙发（位于通道与窗户之间）。法式家具与异国元素和谐融合，使这一区域成为休息交谈的绝佳场所

清新审美趣味，同时运用循环再用的复古家具。如此设计风格是积极而健康的。然而即便在这样的背景下，仍然可能出现相对俗气的奢华风格。毫无疑问，羊绒、皮革、兽皮、宝石、金箔会让人瞬间联想到奢华；但我相信，设计师的职责在于避免这些显而易见的奢华元素，而重新诠释奢华对设计师与客户的美好生活有何重要意义。

左图：

在这一位于布鲁克林高地的公寓中，有一个以经典红色为基调的书房。经典红色往往被视为寻常可见的奢华元素。然而在这里，由于家具涂有半透明的褐色釉，褐色与经典红色形成一种新鲜而有趣的对比。以亚麻布和丝绒为材质的沙发（经过多次翻新），与两把20世纪中叶出品的半圆靠背椅和谐搭配，椅子覆盖有粗糙的天蓝色亚麻布

163

潮流

马德琳·斯图尔特

一般而言，潮流与当下流行的新奇独特之物密切相关。

紧跟潮流这一想法非常吸引人，尤其是紧跟时尚潮流。谁愿意成为落伍过时之人？那么紧跟潮流与室内设计、建筑设计之间有什么关系呢？

室内设计师是否需要紧跟潮流，以表明自己的设计风格时尚而现代？如果一项工作旨在创造永恒之物——比如室内设计，追求永恒魅力是否比追求标新立异更为重要？

我一直认为具有永恒魅力的设计需要一些必不可少的元素，我正是运用这些元素开启了自己的设计生涯。我的生活方式、设计方式、装饰方式都体现出我对简单与朴素的向往与敬畏。我把自己视为反潮流之人；我努力创造时代特征并不鲜明的室内空间，让人们无法一眼就辨认出其风格源自哪个年代。

著名设计师比利·鲍德温曾经说过："只有适用于生活之物才可称作雅致。实用的就是美的，时尚永远要为实用服务。"

从此意义出发，作为设计师的我们，如何在当下这个风格与品位皆日新月异的世界保持与时俱进？如何在设计中既尊重传统又融合现代？

翻阅设计史的册页，前辈大师的很多设计作品都让我们惊讶不已。很难想象美国殖民时期竟然是设计繁荣发展的时期（有谁会把复古纺车视为装饰元素？）。我好奇是谁引导了大众审美，使大众认为带卷状扶手的沙发（扶手直径达40厘米）是好看的；如果你怀疑这样的沙发是否存在，你可以翻阅发行于1988年的任何一期《建筑学文摘》。事实上，查看从20世纪40年代至21世纪初发行的各种设计杂志，你会发现一些让人倍感尴尬的设计作品，设计师在此只追求引领一时的潮流。

然而，每一次或俗气或短暂的潮流兴起之时，你总会发现一种看上去迷人美好而恰到好处的室内设计——尽管其中一两处细节可能透露出其悠久历史，却依然给人带来新鲜之感。这些不随时间而变、拥有永恒魅力的室内设计大部分都包含以下经典元素：传统的中式桌子、日式屏风、法式扶手椅、英式古董箱子、特定时期的壁炉架和现代艺术作品。

我们总是不由自主地被当下一时兴起的潮流所影响，无论这种潮流是对橙色的特殊偏爱，还是对源自20世纪60年代的鼓形灯罩的复兴。

唯有对历史、艺术与装饰进行研究，我们才可以对特定潮流如何产生、如何发展以及如何走向有所了解。室内设计是一门相对新兴的学科，然而已有无数前辈引导我们创造具有永恒魅力同时与众不同的设计。设计领域的伟大开创者——如弗朗西斯·埃尔金斯、让·米歇尔·弗兰克、埃尔茜·德·沃尔夫、阿尔伯特·哈德利以及比利·鲍德温——对经典元素与风格都有着深入了解，在此基础上，每个人又能巧妙运用这些经典元素而开创专属于个人的设计风格。在仔细阅读关于这些设计天才的书籍后，我们会发现，他们的室内设计之所以独特，就在于其体现出一种现代性，这种现代性可适用于任何时期。他们在室内设计中，自由地糅合各种能体现其所处时代特征的元素，同时融入一种超越时间的审美品质。

最后，我想谈谈对永恒魅力的判断带有的主观色彩。我眼中的时尚也许在他人看来就是沉闷。我不认为每个人都需要遵循同样的设计标准，但是，我经常反思自己所做的选择在未来会得到怎样的评价。如果墙的颜色不好看，我们可以换一种颜色；如果沙发的位置不合适，我们可以调整其位置。然而，作为设计师，我们所做的一些选择却很可能会保留至未来，甚至比我们"活"得还要长久。我们所选择的马赛克瓷砖是否会在下一年被视为过时？我们所选择的细木家具是否会在日后让我们感觉不合时宜？设计师的每一举动、每一选择都会对未来产生深远影响，至少对我而言是如此。

165页图：

在这一位于洛杉矶的房子中，门厅铺有由斯图尔特所设计的大理石地板，让客人一进门就置身华美的氛围之中。挂在楼梯墙上的艺术品是约翰·弗丘创作于1998年的《风景No.556》；一张产自意大利的胡桃木搁脚凳和一个源自17世纪的五斗柜，为这一空间增添了别样魅力

右图：

这一住宅最早由好莱坞传奇布景设计师塞德里克·吉布斯为其妻子兼演员多诺斯·德尔·罗伊所建造和设计。图为住宅中的二楼客厅，其长度超过12米。置身其中，可以俯瞰太平洋的海景和圣莫尼卡峡谷的美景。设计师在此选用了浓烈色调和柔和材质如丝绒和马海毛织物，让整个空间弥漫着温暖情调

舒适感

邦妮·威廉姆斯

很多年前当我开启自己的设计生涯时，曾有过一段非常特别的经历，这一经历改变了我对室内设计所营造的舒适感的理解。在前往伦敦的途中，帕里什夫人（彼时我受雇于帕里什夫人）安排我和南希·兰卡斯特一同喝茶。会面地点设在南希·兰卡斯特的公寓，这一公寓位于科尔法克斯 & 福勒设计事务所的上面，南希·兰卡斯特是这一事务所的合伙人之一。

在南希·兰卡斯特那闻名遐迩的金黄客厅中，我耐心地等待着，由于兴奋感觉快要喘不过气来。这一客厅给我的第一印象：它是如此舒适怡然。英式带软垫沙发覆盖有亚麻布，从沙发上的痕迹可看出它得到了充分利用。我仔细审视客厅的每一细节——涂有黄漆的炫目墙面、伊丽莎白女王的巨型油画、晶莹透明的枝形吊灯、威廉·肯特所设计的家具——它们不仅质量上乘，而且吸引着人们流连其中。置身如此客厅，你会不自觉地想要蜷缩在靠近壁炉的沙发上，而后进行一场愉悦的参观之旅。在南希·兰卡斯特来到客厅后，我们确实愉悦地参观了一番。

这一客厅让我回想起我在弗吉尼亚州度过的童年。彼时每逢周日，我们一大家人就会聚在我们最喜欢的贝莎姨妈家中一起享用午餐。20多个不同年纪的表兄弟姐妹坐在贝莎姨妈家那宽阔的客厅中，这一客厅摆满了带软垫的沙发（沙发上覆盖有红白印花棉布）和各式椅子（椅子三五成群地摆放）。在古董转角壁柜处，设有一个空间开阔、设备完善的吧台。这一客厅仿佛在欢迎所有人，因此我们非常喜欢这一客厅。尽管那里不像南希·兰卡斯特的客厅那样有优雅的黄色丝绸窗帘和品质上乘的家具，但对我而言，贝莎姨妈家仍然是带给我非常多舒适感的地方之一。

想要在房中营造舒适感，设计师应该在规划阶段就对主人的生活进行周密考虑。他们坐在哪里交谈？他们坐在这里是否能获得亲密感？

右图：

在这一书房中，带软垫的沙发覆盖在复古织物和古董织物之下，带给人舒适之感。书房设有玻璃落地门，门外是青翠的花园。多盏灯散发出柔和的灯光，把书房照得亮堂堂。书房中装饰有各式纪念品，仿佛诉说着主人的一段段旅行故事

170—171页图：

各式各样的抱枕放置在长长的沙发上，吸引着人们在此休闲畅谈。刺绣印花织物沿沙发轻柔垂落，风格迥异、年代不同的椅子和谐并置，营造出舒适怡然的氛围

沙发和椅子不能太大，也不能太小，而要"大小刚好"。这里要有小桌子摆放饮料，也要有与视平线持平的柔和灯光。桌上或壁柜里放有鸡尾酒托盘，可以带给客人舒适之感，让他们像在自家一样。即便在一所弥漫着现代极简风格的房子里，从精微细节处也可看出这是一所供人居住还是供人拍照的房子。

房子应该兼具实用与美观。为创造一所舒适的房子，设计师需要思考这一房子的实用功能。主人的生活方式是规律有序还是随意自由？主人是否喜欢收藏艺术品？主人是否有儿女或孙子？主人是否养宠物？凡此种种都需要深思熟虑。在此基础上，设计师需要思考如何通过运用色调、材质、家具与艺术品，让这一房子彰显主人个性。设计师需要时刻谨记：房子是供人居住而非供人展示的。

在家具的组合配置上，设计师需要考虑如何让人们更好地交流，因此家具之间不宜相距过远。此外，设计师需要让大小不同的沙发和椅子互相搭配；需要设置适合看书时用的灯光；需要设置专门区域，让人们在此可以使用笔记本电脑、玩纸牌游戏或玩拼图游戏。完成家具配置后，设计师可以通过多种方式为房子增添温暖情调：增添香薰蜡烛，让芬芳弥漫满屋；在俱乐部椅上添置羊绒靠枕；在沙发或长椅上摆放柔软抱枕；在壁炉前的桌上或长凳上堆放有趣的书籍和杂志。

每个有志于成为室内设计师的人出于不同的考虑——比如如何充分利用空间，如何创造一个展示家具与艺术品的空间——而对房子进行规划设计。我在进行室内设计时，首先考虑的是主人有着怎样的生活方式。在很小的时候，我已经懂得房子的迷人之处在于它可以让人们享受生活并乐于与他人分享。我希望创造这样的室内空间：男女老少齐聚于此，谈天说地，其乐融融。

经过深思熟虑、精心设计的房子，不仅可以吸引个人在此停留，也可以吸引一家大小在此相聚，还可以吸引各个群体在此交流，而且来到这里的人们都会沉浸其中、流连忘返。

幽默元素

哈里·海斯曼

你是否曾经思考以下问题：当你欣赏杂志上的室内设计或亲临现场参观室内空间时，最吸引你的元素是什么？当你的目光在室内空间游走时，你的关注焦点落在哪里？设计师如何让室内空间既充满个性又让人难忘？对我而言，上述问题的答案为——在室内空间增添幽默元素。

有些房子有着最佳的结构布局和家具配置，而且装饰搭配也十分讲究，却依然让人感觉美中不足，此时需要设计师运用智慧和巧手来把房子转变成真正的家。资深设计师、时尚偶像艾瑞斯·阿普菲尔曾如此说道："美国室内设计的一大弊端在于缺乏幽默元素。事实上，每样物件都应该融入幽默元素。因为如果缺乏幽默感，人也会变得毫无生气。"

仔细审视托尼·杜奎特的室内设计作品，我们可以发现，除了舒适休闲的家具和精心布置的物件以外，还有一些特别元素，比如以轮毂和蛋品包装纸盒为原料改造而成的饰物，如果不仔细看可能无法发现这些元素。早在循环再利用成为人们的热议话题之前，托尼·杜奎特已经开始在室内设计中践行这一理念。他把蛋品包装纸盒改造成天花板饰物，再涂上闪闪发光的金漆。人们只需抬头细看，即可发现这一环保而幽默的元素。然而，我们需要注意：隐秘的幽默元素需要合理安排和巧妙设置，同样的物件，经过托尼·杜奎特的巧手打造可能成为幽默元素，但经过他人改造则可能沦为平庸之物。

那么问题来了，设计师如何在室内设计中融入幽默元素？如何让室内空间更为有趣、更为个性化、更为引人注目？

一个很好的途径是在日常生活中对一切事物保持好奇之心，如此一来，你会发现幽默元素随处可见。对设计师而言，敏锐而仔细的观察是合乎礼节的：在室内空间中，寻找那些幽默有趣、引人思考的物件，这些物件经过精心布置，可以为室内空间增添生气与活力。

你可以在法国雕塑家克劳德和弗朗索瓦－

右图：
在这一位于曼哈顿高楼大厦中的公寓里，一只奇妙的巨型"蜗牛"——由托尼·杜奎特以流动树脂制作而成——栖居于客厅之中，与旁边的一只生动形象的"蘑菇"互相呼应（从佛罗里达州的棕榈滩购入）

格扎维埃·拉兰内的雕塑作品中发现幽默元素，细看之下，那一座座动物雕塑可能是一张桌子、一个浴缸、一个炉子；你可以在纽约卡莱尔酒店的壁画中发现幽默元素，这些壁画由路德威格·比梅尔曼斯所创作。

幽默元素可以是显而易见的，也可以是隐秘微妙的；然而，正如室内设计中的其他元素一样，幽默元素需要与各种元素和谐融合、友好共处、相映成趣。以下皆为有名的范例：茜斯特·帕里斯曾在一所样板房中巧妙设置了一个古旧的动物转盘（一座雕塑装置），让客人一进门就开怀一笑。艾尔莎·柏瑞蒂在意大利波尔图埃尔科莱有一座住宅，住宅的客厅中设置有形似海神之口的壁炉，壁炉的设计者为伦佐·蒙贾尔迪诺。

幽默元素也可以以隐秘微妙的形式呈现。比如，经过巧妙组合的有趣配饰，给人带来惊喜；设计大师阿尔伯特·哈德利运用多彩鞋带来装饰特定年代出品的法式椅子；法国著名设计师玛德琳·卡斯坦在其位于赖弗的房子中，运用芭蕾舞鞋的鞋尖部分来包裹古董椅的椅脚。

2003 年在我刚刚完成自家公寓的室内设计后，阿尔伯特·哈德利来到我的公寓参观，他坐下来，左看看，右看看，然后点燃了一根香烟。他说我的公寓应该取名为"朋友之家"，我好奇地问他此话怎解后，他如此回复道："哈哈，我的朋友，看看你所拥有的一切，都是那么有个性，那么有灵气！"对我而言，他的这一评价是对我设计的最高肯定。

所有室内设计师都应该认识到，室内设计不仅关乎规划布局与审美愉悦，也关乎生活乐趣：主人在此与物件相伴或与朋友相处时收获喜悦与满足。阿尔伯特·哈德利显然深谙此道。设计师如果能发挥智慧与想象在室内空间中融入生活乐趣，可以产生极佳的效果：置身其中的知己朋友可以更为愉悦地沟通交流。室内设计需要充满活力。幽默元素如同盐，可以让室内设计这锅"汤"成为人间美味。

左图：
在这一位于曼哈顿的阁楼公寓里，借鉴16世纪意大利壁炉风格制作而成的壁炉，为这一空间增添了灵动活力；还有以绿叶生菜为造型的椅子——与背景处的曼哈顿特色橱窗相映成趣，为这一空间增添了幽默元素

改造重塑

麦尔斯·里德

毕加索反复说道："优秀的艺术家懂得借鉴，伟大的艺术家懂得'偷窃'。"从此意义出发，我总是乐于参考过去或当下的设计师的作品，以求获得灵感启发。然而我发现，即便我有意进行大胆复制，正如我在借鉴阿尔伯特·哈德利所设计的涂红漆、带黄铜的书房时那样，可最后的设计作品却极少与原作一模一样。事实上，两者在视觉效果上总会有细微差别，如此差别源于材料与手工的不同，比如灯光无法重复照进同一地方。即便室内设计借鉴了现有的设计范例，它仍然可以体现出设计师或主人的个性特色（当然我更希望是后者）。正如派对礼服穿在年轻女子身上和穿在成熟女士身上，其视觉效果会有所不同。房子总能体现居住之人的个性特色，因此，我认为设计师在室内设计中可以大胆复制。

我从来不是那种可以跨界进行多元设计的设计师。我相信集体无意识和已经存在数千年的理念。也许古罗马人确实创造过一些物件，但是时至当下，人们往往会发现，想要创造前人未曾创造过的物件是多么困难。尽管我一直努力在设计中融入新理念，然而我的设计作品却总是如同大杂烩一样：不同元素、不同风格在此融合交汇。比如，我在客厅中设置了一对带软垫和斑纹的门，我常说这大概是我唯一的原创；然而，后来我却发现早在我出生以前，摩洛哥饭店以及前辈设计师埃尔茜·德·沃尔夫、拉夫·劳伦的作品中已有对斑纹的巧妙运用。

我努力在借鉴传统的基础上，重新创造顺应未来的设计。伴随时光飞逝、思潮迭起，我们也被推着往前走去，然而传统设计却总给我们带来启示。在进行室内设计时，我乐于发现容易被人忽略的美妙元素并把这些元素发挥到极致。我在芝加哥的一所充满奇幻色彩的房子里发现了由大卫·阿德勒设计的浴室中满布镜片，于是，我为自己在纽约的公寓添置了同样的镜片。此外，我还将公寓地板铺上产自比利时的黑色大理石，让地板呈现执政内阁时代盛行的大型银色 X 形图

右图：

这一住宅位于休斯敦，一幅由奥古斯丁·乌尔塔多创作的油画悬挂在其充满活力的客厅中。覆盖有绸缎的墙壁、鲜艳醒目的黄色窗帘、红色带条纹的坐垫、涂有黑漆的大门，让人联想到桃乐茜·德雷帕的作品（设计师里德从其作品中得到启发）

案；在公寓空置区的顶部安装产自20世纪50年代威尼斯的镜子；在公寓某个角落摆放着宙斯的巨型半身雕像，旨在为这一空间增添耐人寻味之处。我没有改变公寓的布局结构，而只是做出局部调整，这足以让公寓焕然一新！

在进行改造的过程中，你可以在特定地方摆放一件恰到好处的棕色家具，这一家具也许源自你的奶奶或太奶奶，它也许不符合你的审美品位，可你却无法舍弃它；你可以在陈旧暗淡的涂漆上重新涂一层乌木色或珐琅色，使其重新焕发活力；你可以把产自孟买的柜子涂成淡蓝色，把柜子的金属部分涂成银色。对古物进行翻新，不仅可以保留古物所承载的传统工艺之美，也可以使其重新焕发生机与绽放活力。

创造力是推动人文发展的一股奇妙力量，创造力也是每天清晨督促我起床的动力之一。我在创新理念与改造物件的过程中，通过多种方式提升了自身的创造力。在如此创造力的指引下，我创造了有别于样板房的室内设计，在此看不到任何流水线生产的痕迹。我不断审视自己的设计作品，不断思考如何进行改造与装饰，希望从中得出最佳方案。也许在这一过程中，我会灵光闪现，找到设计改造的妙计良方。

我鼓励所有设计师像我一样审视与思考、模仿与改造，因为模仿是对前辈大师最崇高的致敬。

下图：
在这一饭厅中，装饰有塔夫绸窗帘和帝家丽出品的华美风景墙纸，营造出舒适怡然的氛围，吸引人们在此相聚畅谈。此外，饭厅中还装饰有源自中国的各式青花瓷，为这一空间增添了异国情调

178页图：
在这一弥漫着时尚风格的房子中，设计师对物件进行了巧妙改造：龟棕色花纹为朴素的桌子增添了几分活力；带褶皱的蛋青色窗帘让人联想到时尚设计师奥斯卡·德拉伦塔所设计的飘逸纱裙

优雅迷人

马丁·劳伦斯·布拉德

人们常常认为我的室内设计透出一种优雅迷人的魅力。这大概是因为我相信，精心设计的房子，不仅能让人觉察到这种魅力，也能让人感受到这种魅力。当然，现在每个人都对优雅有着自己不同的理解。优雅只关乎个人品位。

然而，高雅的品位如何展现优雅迷人的一面？高雅的室内设计如何让人感受到优雅迷人的魅力？虽然我没有找到任何科学依据，但我可以证明精心设计的房子确实充满魅力：帕洛玛·毕加索设计的客厅以口红般浓艳的色调为基调，客厅中有各式带丝绒软垫的沙发；威尼斯豪华住宅中的卧室一角，有一个仿佛飘浮空中的铜制浴缸；堆满残破书籍的昏暗书房中，壁炉里的火在熊熊燃烧。这些独特的设计与奢华的装饰，可以为室内空间增添优雅魅力。

想要打造自然舒适、优雅迷人的房子，设计师需要巧妙运用各种渐变色调以及不同材质的毯子、纺织物、软垫抱枕、室内饰物等。我们知道，即便室内很多设置都不合理，可总有补救方式：一个奇妙的小创造，即可改变房子的格调，增添房子的活力，赋予房子以迷人的魅力——即便房中的家具并不具备这种魅力。

有些客户委托我在特定空间中营造优雅迷人的氛围。比如，用金网把浴室中的淋浴间围住，从主卧室可以看到淋浴间的无限"风光"。金网的编织非常绵密，因此，当淋浴间的烛光吊灯洒落柔和光芒，就会看到淋浴之人那若隐若现的身体轮廓。

无论客户是否用言语表达，他们的内心深处总希望拥有一所优雅迷人的房子，让亲朋好友欢羡不已。无论一所房子是否遵循新古典主义比例，是否拥有传统的结构布局，是否呈现20世纪中叶的另类风格，是否体现现代主义简洁明快的线条，只要它能具有优雅迷人的魅力，它就能获得人们的青睐。

也许你会好奇，设计师如何营造优雅迷人

右图：

这是好莱坞明星雪儿在加利福尼亚州马里布的住宅。在弥漫着浓郁印度情调的主卧室中，有一块源自19世纪、展现印度神祇的雕板，其丰富色调包括如象牙般的乳白色、如奶油般的黄色、如茶叶般的棕色、如巧克力般的褐色、如乌木般的黑色、如金子般的颜色、如青铜般的颜色，为这一卧室增添了别样魅力

182—183页图：

这一弥漫着巴厘岛风情的浴室，位于加利福尼亚州马里布。浴室中央摆放着一个由Waterworks品牌出品的大型铜制浴缸。两根柚木圆柱支撑着精雕细琢的飞檐，飞檐体现18世纪印度拉贾斯坦邦的设计风格，为这一浴室增添了异域情调。源自殖民时期的吊灯散发出迷人的灯光；充满热带风情的花园让建筑变得自然而温和

的室内空间而又使其脱离低俗趣味？

在时尚领域，时髦新潮与让人厌恶、引起共鸣与让人不悦之间往往只有一线之隔，在室内设计领域同样如此。正如我曾经所说，我从来不认为室内设计一定要体现优雅迷人的魅力，我始终相信室内空间的氛围营造应该自然而然，就像你和喜欢的人自然而然、水到渠成地走到一起。时刻谨记不要让任何规则限制你的设计，而要让室内空间的各种细节引导你进行设计。

善于发现让人感觉舒服又光彩照人的色调。我发现，如果客户喜欢蓝色服饰，他们往往喜欢以蓝色为基调的房子，因为只有置身这样的房子，他们才会感觉自在、享受。如果客户拥有一双绿眼睛，当他们置身涂有绿漆的客厅中，他们的眼睛会与周围的绿色交相辉映，就像珠宝品牌海瑞·温斯顿橱窗中的绿宝石一样闪闪发亮。运用与客户相契合的色调元素来装饰房子，可以让房子成为专属于客户的舞台；在这一舞台上，客户尽情展现自我的同时吸引别人关注。只有这样的房子才称得上优雅迷人。在此，设计师没有运用高深的设计方法，只是恰到好处地运用色调与增添装饰。无论设计师面对的是一所配有简洁家具的乡村小屋，还是一座配有定制皮革墙与时髦家具的顶层公寓，抑或一座配有亚麻布织物与柳条家具的海滨别墅，其首要任务都是发现主人的个性特点。

当设计师找到可以体现主人的个性特点与生活理想的设计方案后，其他一切都会变得自然而然，他所运用的每一元素都有助于营造特定的氛围。不过，设计师应该谨记时尚女王可可·香奈儿说过的话："在离开房子之前，记得脱下衣物配饰。"这句话同样适用于室内设计领域。删繁就简、返璞归真可以让室内设计变得更为别致、更为迷人。

斯堪的纳维亚设计风格

朗达·埃莱什、伊迪·凡·布罗姆斯

我们常常把斯堪的纳维亚设计风格形容为奢华的简约，这种风格是斯堪的纳维亚人为应对恶劣的地理环境和多变的天气条件所发明的，旨在让各种自然元素达到微妙平衡。数百年来，斯堪的纳维亚人已经学会如何运用大自然的光、水、树木、金属和泥土来建造家园。他们利用上述元素，并借助先进的技术、融入前卫的审美理念，打造出历经岁月洗礼却依然优美雅致的房子。斯堪的纳维亚人追求极致的平衡、注重人与自然的和谐，这一点值得世界各地的设计师所借鉴学习。

时至今日，我们对斯堪的纳维亚的著名设计师——芬·居尔、汉斯·瓦格纳、阿尔瓦·阿尔托、保尔·汉宁森、卡尔·克林特、约瑟夫·弗兰克、布鲁诺·马斯森、玛尔塔·马斯－弗杰特尔斯特罗姆、阿尔米·拉蒂亚——已经耳熟能详，他们所设计的家具和家居饰物在20世纪中叶闻名世界。这些设计大师继承了实用设计的传统，这一传统可追溯至当地独立农庄的建造。当地农民依靠耐用的大艇、猎刀、牛轭甚至手工制作的木碗来维持生活。他们的房子往往非常狭窄，因此，他们所制作的家具都具有双重功能：床上镶嵌有时钟和橱柜，椅子摊开可成桌子。

对自然材料的尊重——对原始树木、金属、亚麻、陶器、羊毛的热爱——在斯堪的纳维亚源远流长、根深蒂固，这一点在当下的设计学院、设计协会、设计机构、本土和国际的设计比赛中均有所体现，它们都主张在尊重传统的基础上开拓创新。斯堪的纳维亚人对耐用环保材料青睐有加，近年来，他们甚至运用循环再用的金属线、自行车轮胎或运用纳米技术制作而成的纤维素织物来制作绳索。

几个世纪以来，斯堪的纳维亚人在家居设计中，常常运用可以带来光明和温暖的先进技术（这些技术一直沿用至今）来抵御周围的阴暗与寒冷。在斯堪的纳维亚，随处可见灯火通明的建筑，其中包括城市住宅区和乡村度假屋。油漆同样具有实用功能：在斯堪的纳维亚，17世纪出品的室内用油漆和室外用油漆已经可以杀菌、杀虫、保护木材。室外用油漆在颜色上更为纯净浓烈，其颜色主要由当地的矿物质如铜、镉、铁和氧化铬提炼而成——这些元素与石灰相混合，可以产生如金盏花、红珊瑚般艳丽的颜色。

在18—19世纪的斯堪的纳维亚，室内用油漆比室外用油漆在颜色上更为柔和。时至今日，酪蛋白油漆和蛋彩油漆再次受到欢迎，因为比起简陋粗糙的化学油漆，它们更为环保、更具魅力。丰富多彩的矿物颜料由于其反光特性而备受青睐。人们普遍认为用色纯粹朴素——源自瑞典的古斯塔夫风格传统——是斯堪的纳维亚设计的一大特点，朴素的色调让人联想到漫长的冬季。斯堪的纳维亚设计把层次鲜明的白色之物、灰色之物与柔和木材（包括地板）和谐融合，营造出灵动简约的氛围，却不让人感觉冰冷，更加凸显斯堪的纳维亚人在生活中所追求的极致张力与平衡。

斯堪的纳维亚人乐于借助灯光来度过寒冷黑暗的日子，这一点体现在他们对玻璃的运用上。玻璃以其独有的美感和反光特性而被奉为一种可用于室内装饰的艺术形式。瑞典国王古斯塔夫三世于1787年在哈加兴建的展示馆，安装有现代玻璃幕墙（全球较早出现的玻璃幕墙之一），这些玻璃幕墙让室外的人们也可欣赏室内之景。玻璃幕墙不断运用于各种建筑中：安装有巨型镜面玻璃、可映射挪威海景的博物馆；位于瑞典湖畔、配有玻璃落地门的花园露台；位于北极附近的水上酒店那可用于观看北极光的玻璃圆屋顶。在斯堪的纳维亚设计中，窗户体现极简风格，由反光玻璃、水晶、黄铜和铁制作而成的灯具增添了诗意的灯光。在斯堪的纳维亚，每当夜幕降临，门口、窗户、大街上燃起的火把、烛光、灯笼和常设的照明灯具互

185页图：

斯堪的纳维亚人在设计中常常运用淡色，因为淡色可以反光，而光在当地是稀缺资源。设计师在设计这一迷人的客厅时同样运用了淡色，墙壁和家具涂上浅淡的灰色、绿色和白色。地上铺有打过蜡的松木地板，让人联想到北欧森林中的松针

相辉映，让人们倍感温暖。

　　斯堪的纳维亚地区的国家没有因为生活艰辛而退缩不前。就像北欧神话的主神奥丁把自己挂在生命之树上以达到平衡、获得智慧一样，斯堪的纳维亚设计也在探寻自我与环境的动态平衡。先进的发光技术、当地的环保材料、以当地材质提炼而成的浓烈色调、为应对寒冷与黑暗而兴起的艺术形式如玻璃等，也许可以运用于其他地区的室内设计中，即便这些地区在地理环境与天气条件上与斯堪的纳维亚截然不同。斯堪的纳维亚人所追求的平衡，在灯光璀璨、温暖怡然的环境中也许会体现不一样的审美风格：在配有门廊、隔板、遮蔽处、冷却过滤器的房子里，窗户体现奢华而非极简风格。斯堪的纳维亚设计的精髓不在于反复运用特定的色调、风格或材料，而在于因时制宜、因地制宜、巧妙运用当地的环保资源来营造最好的生活空间。斯堪的纳维亚设计所体现的规范与理念，不仅可以为当地的设计师提供有效参考，也可以为世界各地的设计师提供灵感源泉。

左图：

在这一客厅中，石膏墙壁饱经沧桑、朴实无华，天花板由手工开凿的木质横梁组成。产自19世纪的瑞典家具配有条纹软垫，与木质地板上的线状图案彼此呼应

想象

拉吉·拉达克里希南

室内设计的伟大之处在于它可以让不可能成为可能。每当我开展一个设计项目，我都希望通过设计呈现崇高的理想、实现长久的愿望。最初浮现在我脑海中的设计理念，就像清晨时分的甜蜜之梦，充满了各种可能性，我不会因为任何人而摒弃这些理念。即便在随后的设计过程中，我需要考虑种种现实状况，我依然可以运用不同方式来实现我最初的想法。因此在构思过程中，我可以不考虑预算而尽情发挥想象，自由自在，无拘无束。

设计师的想象之旅一定源于某种经历：在心心念念的博物馆中驻足停留、流连忘返；连续数天埋头阅读艺术书籍，沉浸于艺术世界之中；在大都会艺术博物馆中连续数小时凝视一件艺术品，引得旁人投以异样目光。沉浸于艺术的海洋中，有助于设计师产生新理念、新想法。

我确信设计师在构思设计方案时，都需要经历一个过程——在不断深入了解中感到迷失、困惑、疲惫，最后摒弃此前所学到的一切，因为真正的领悟恰恰发生在摒弃以往所学之时。把一切清空归零之后，设计师所构思出的方案不仅独具创意，而且切实可行。

如果你曾认真研究过某件你所钟爱的艺术品，无论经过多少年，它依然会留存在你的记忆中，等待某个适当时机突然出现，给你带来灵感启发，让你产生创意想法，这一想法经由你的创造将成为现实。

我在室内设计中融入的壁画就是最好的例证。每一幅壁画都承载着一段记忆或想象：源自凡尔赛的精美银器、皇家教堂那让人叹为观止的景象、徒步跨越一段段铁路最终抵达伦敦的疯狂经历、从酒店窗户看到的雅典卫城的宏伟景观。

想象在其他地方也有所体现。想象，可以让一所普通大小、寻常可见的房子变得与众不同。比如，给带纹道的石膏墙壁配上约 13 厘米

右图：

在这一饭厅中，有一张由埃托·索特萨斯所设计的沙发，沙发上挂着由马蒂斯、伊夫·克莱因、唐·孔克尔所创作的绘画作品。在由葛塔诺·希奥拉里所设计的枝形吊灯下，有一张源自20世纪初期、借鉴大麦造型的餐桌和两把源自20世纪40年代的法式椅子

上图：

在这一客厅中，由艾尔·赫尔德所创作的丝网印刷画作挂在定制的座架之上，这一座架借鉴了18世纪法式露台的围栏。画作两边设有一对由让·佩泽尔所设计的壁式烛台；由马克·纽森·费尔特所设计的椅子和由威利·里佐所设计的鸡尾酒桌，为这一空间增添了生气与活力

厚的齿状装饰线条，同时在天花板与墙壁之间增添精致装饰，可以营造出华美的氛围，而且并不显得突兀。把年代久远、宽20厘米的镶木地板换成手工制作、宽1.2米的凡尔赛地板，可以营造出不凡的气派。在房中尽情地添置各种家具饰物，在此过程中，你会看到想象是如何一点点成为现实的。

想要让想象成为现实，设计师不能因为梦想过于宏大、希望过于渺茫而止步不前。相反，无论何时何地，设计师都应该尽情发挥想象，即便这些想象在别人看来只是天马行空。

设计过程

信任

梅雷迪思·哈林顿

所有的友好关系都建立在信任之上。

室内设计涉及一系列关系：设计师与建筑、与客户、与工匠、与供应商、与经销商之间的关系。在对住宅进行室内设计时，设计师需要与客户保持联系。通过沟通联系，设计师可以了解到一个人、一对夫妻或一个家庭所喜欢的休闲活动和所享受的生活方式。客户与设计师分享各种隐私，包括他们的家庭、习惯、担忧、焦虑与愿望，设计师需要保护客户的隐私并尊重客户的习性。

此外，设计师也需要考虑客户的预算开支。为赢得客户信任并与之建立长久合作关系，设计师需要准确运用商业术语、清楚列出涨幅折扣、合理预算、开具发票。我曾与一位客户保持着长久合作关系，在17年里他委托我进行了8个设计项目。尽管项目预算早已确定并已得到双方同意，而且每月开出的各种发票都已一一备好，但这位客户只要求我们每月给他发一封邮件，告知他每月需要支付的费用。这表明我和这位客户之间已经建立起信任。

设计师也需要让客户相信我们具备审美眼光，相信我们有能力完成经久实用、美好如初的室内设计。向客户详细讲述自己的设计理念，并在规划和设计的过程中与客户保持沟通，有助于客户了解整个设计过程。我曾经负责一座海滨别墅的翻新工程，工程分为三期。在最后一期工程中，我强烈建议客户改变楼梯的朝向，使其不再朝向厨房，但这意味着需要清除楼梯下的一个储物室。客户一开始坚持要为孩子保留这一储物室，她甚至一度叫我不要再提这一建议。我并没有因此而气馁，最终在我的力劝下，她同意把这一储物室并入厨房外面的小休息室中。她至今仍感谢我让她做出这一改变。设计师不仅要熟练掌握设计策略，还要与客户坦诚沟通，并适时给出建议，只有这样客户才会逐渐相信设计师的才能。

学会聆听客户心声并准确理解客户意思，最终通过室内设计帮助客户实现愿望，这对于设计师而言至关重要。此外，直面由于成本预算或客观因素所限而无法实现原定规划的情况，并引导客户调整对最终效果和完成日期的期望，这对于设计师而言同样非常重要。我曾经建议新客户出售他们现有的小型房子，转而购置更为开阔的房子，以便实现他们对未来生活的美好构想。他们曾花重金和一位建筑师合作过一段时间，希望可以把现有的小房子改造成梦想之屋，然而最后却劳而无功。听从我的建议后，他们购置了一处大型房产，自此我和他们进行了两次合作。

如果不和客户、工匠、雇工、建筑师、供应商、经销商、承包商建立长久的信任和友好的关系，设计师将失去立足之地。设计师应该知道自己有谁可以依靠，同时让自己变得诚实可靠，因为任何设计项目的成功都离不开各方的通力合作。好的设计师懂得不断与合作伙伴建立信任与保持联系。

最后，设计师不仅需要相信自己——因为我们受过良好教育，我们有过系统训练，我们的灵感源源不断，我们的能量无穷无尽，也需要相信我们的直觉——因为直觉往往是设计创意的绝佳来源。查阅《牛津英语词典》，我们了解到"trust"（中文意思为"信任"）一词源于古斯堪的纳维亚语，有"牢固"之意。如果设计师能够与他人建立信任与保持联系，双方的关系定可"牢不可破"。

193页图：
通过这一走廊，主人可以从开阔的客厅进入舒适的家庭活动室。那一件发光雕塑作品由铜、蒲公英和LED灯制作而成，其作者为来自阿姆斯特丹漂移工作室的朗纳克·戈尔丁和拉尔夫·瑙塔。发光雕塑下有一个由菲利普·凯尔文·拉维恩设计的餐具柜，还有一张定制的游戏桌

解决问题

塞莱斯特·库珀

设计师负责解决问题。古罗马建筑师维特鲁威曾提出建筑的三条基本原则：实用、坚固、美观。室内设计师同样需要遵循这三条基本原则。在设计的过程中，设计师需要解决重重问题（包括视觉与技术层面的问题）。

首先，设计师需要绘制出设计平面图，并向客户生动讲解这一设计平面图。设计师需要以无懈可击的严密逻辑来解决各种与设计审美相关的问题，以此创造约翰·萨拉迪诺所言的"宜居宁静的生活环境"。设计师需要与结构、组合、形态、体积、协调、对称、比例、并置、色调、场景、图形和背景打交道。我常言，设计平面图应该像抽象画一样。这是设计师向客户展现的第一张设计蓝图。

然而，和"为艺术而艺术"不同，设计师所绘制的精细的平面图，不仅需要美观，也需要实用，就像一艘外表醒目、设备完善的船一样。有些客户不管空间有多狭小、物件有多庞杂，依然坚持要把小空间打造成书房、客房、办公室甚至可容纳16人的媒体室，设计师应顺应客户需求，在平面图中把相应设备详细描绘出来。有些客户把烹饪视作一门艺术，设计师应为客户打造设备齐全的厨房。有些客户乐于成为看客，设计师应在每个房间安装电视机供其观看。有些客户热衷技术设备，设计师应在房中配备先进的通信安全系统。在绘制平面图时，设计师需要画出每个细节，并相应备注说明。

设计师绘制出平面图并列出相应功能后，需要把设计规划付诸实践，购置各种兼具美观与实用的物件。物件是传达设计理念的载体，因此，在购置物件的过程中，设计师需要深思熟虑、精挑细选、合理取舍。为传达设计理念而适当删减物件非常重要，因为物件过于繁多可能造成混乱局面。

在实践的过程中，设计师需要深入研究、实地考察、判断决策、避免俗套、寻求创新。

有些客户总想把所有物件都汇聚家中，在此情况下，设计师不能完全顺从客户意愿，而应保持独立决断，始终掌控全局。

设计师需要把各种设计决策告知客户，以便有效解决问题。设计理念可以以独特方式在画纸上呈现，然而大部分客户都读不懂平面图，更别提施工图。设计师需要用通俗易懂的语言向客户讲解平面图，让客户了解设计师的每一选择都有理有据。在平面图中，设计师不仅倾注了自己的爱好品位，而且还以图文并茂的形式展现了一个即将建成的室内环境。通过平面图，客户可以了解设计师的设计意图和想象未来的家居生活。

让客户了解室内设计的相关事宜包括实用性、美观性以及所购置物件（设计师需要非常详细地向客户解释所购置物件）后，设计师需要下各种订单，并催促和监督对方发货。在现场监工的过程中，设计师可能会不断遇到各种复杂问题。设计师需要在统领全局的同时关注细节，做到统筹兼顾、并驾齐驱。这一过程可能如同大象的怀孕期一样漫长。

经过日积月累，期盼已久的一天终将来临——商人兑现承诺，货物如约而至，家具巧妙摆放，饰物恰到好处，艺术美轮美奂——这一天，设计师为客户所规划的蓝图终于成为现实，那曾经跃然纸上的抽象画终于以立体的形式呈现。当室内的一切达到协调、平衡、和谐后，室内设计会给人带来美的享受，会给人带来情感共鸣：如此佳境超乎客户之想象。

这一天，对设计师而言，不仅所有问题都得到有效解决，而且"宜居宁静的生活环境"就呈现在眼前。

195页图：

这一公寓位于曼哈顿高楼大厦之中，因此西部的阳光总能透射进来。住宅中有一扇朝向中央公园的大型玻璃窗。为了让阳光可以布满整个公寓，设计师以灰褐色为主要基调，同时精心挑选了以反光材料制作而成的天花板和地板

质感

蒂莫西·布朗

根据在线词典，"texture"有多种定义：其一是最为常见的定义，"物件表面给人带来的观感和触感，比如粗糙质感"；其二是技术层面的定义，"构成织物的彼此交织、互相缠绕的丝线之结构特点"；其三是较为隐晦的定义，"由不同材料制作而成的艺术品表面给人带来的观感和触感"。

质感不仅仅关乎一样物件给人带来的触感，比如地毯给人厚重之感、比利时亚麻布给人粗糙之感、精制大理石给人光滑之感。在室内设计中，不同物件的搭配互动也可以产生质感，比如铺在抛光硬木地板上的长毛绒地毯、放在光滑大理石桌上的上釉花瓶。形态与大小同样可以为人们所感知；在室内设计中，形态不一、大小各异的物件可以联手给人带来观感与触感。

如果你欣赏过格哈德·里希特的作品，你就很容易理解隐秘的质地是如何构成平面的，这一点同样适用于室内设计。物件给你带来的观感与触感非常重要：各种或柔软，或粗糙，或打结，或多毛的物件，可以赋予室内空间以实用性与美观性。

质感可以以不同方式促进环境氛围的营造、增强视觉吸引力。比如，想要成功打造一所纯白色的房子，关键在于运用不同的材质元素构成一种饶有趣味的并置互动：光滑与粗糙、闪亮与暗淡、轻盈与厚重等元素和谐共存、形成对比，可以让一所寻常可见的房子变得与众不同。在室内空间中，朴素粗糙的材质往往可以让人感到舒适。真丝拉绒地毯、绒毛密布的丝绒、竹节纱羊绒沙发罩，虽然不像表面光滑的材质那样具有良好的反光效果，却可以让房子笼罩在温暖的氛围之中。与之相对，表面光滑的材质——比如光滑的铬、柔软的全粒面皮革——可以营造冷淡氛围，给人现代之感。同一张沙发，在配有丝绸软垫和配有粗花呢软垫时，会带给人截然不同的感觉。

把反光材质与哑光材质巧妙并置，可以增加空室内空间的纵深感。带有装饰性的石膏线在与璀璨的灯光并置时，可以产生阴影、营造动感；带有装饰性的石膏线在与平整的材质并置时，可以产生截然不同的观感。把不同颜色的材质巧妙并置，同样可以营造特别的观感：在室内空间中，运用深浅不一的同种颜色比运用单一颜色要更具视觉吸引力。如果不同颜色的材质还带有不同光泽，当它们与无光泽的平面互相搭配时，则可以产生更为微妙的光色效果与视觉吸引力。

同样地，崎岖不平的群山比平缓倾斜的山坡呈现出更为丰富的质感。在室内设计中，大小不同、高低参差的各式物件可以构成整体的形式感与质感。高脚台灯与多个相框并肩而立，形状各异的相框排成一排，大小不同、高低参差的花瓶放在一起，如此设置所形成的差异性，可以带来特别的观感。最简单的搭配组合——比如搁脚凳与高背沙发并置——可以在不经意间形成有趣的对比。

质感从来不是单一的设计元素，相反，它是一系列元素的总和——比如丝绸的光滑柔软、石墙的凹凸不平、抱枕的不同质地。正由于此，质感才成为室内设计的重要组成部分。

总之，质感可以以任何形式、任何元素、任何物件呈现。

197页图：

在这一位于纽约温斯科特的海滨别墅中，门厅处嵌有木板的白墙与带有舌榫的白色天花板互相呼应，营造出轻松休闲的氛围。条状古旧松木地板铺于地上，日本风格纸质灯具悬挂"半空"（由设计师野口勇设计），法式藤制高背椅子摆放其中，绿白双色陶瓷台灯装饰其中，一切都为这一空间增添了现代气息

材料

特瑞·胡恩基克

我常常把不同的房间想象成不同的风景：这里横亘着地平线，沐浴着自然光，有着高低起伏，有着起承转合；最为重要的是，这里有着属性不同、质感各异的材料。大自然是如此千姿百态：人们能够想到的材料与质地——比如冰冷光滑的河岸岩石、斑驳粗糙的老树树皮——在森林中都可一一找到。同样地，每所精心设计的房子都应该蕴含各种元素，这些元素和谐共存、融为一体。不同元素带给我们不一样的观感与触感，仿佛在诉说着一个个生动的故事。

我们所选择的室内家具的材料，充分体现了我们的思维方式与生活方式。我们主要通过五感（视觉、听觉、嗅觉、味觉、触觉）与世界万物产生联系，在与材料产生联系的过程中，视觉与触觉占据主导地位。我们每天都在观看着、感受着不同的材料，这是一种亲密的体验。

以下典型例子恰好可以说明材料的重要性。大概20年前，我购置了两套公寓——这两套公寓位于一家历史悠久（大约建于1898年）、经过改造、石砖结构的酒店之中，我希望把它们合并成占地约370平方米的开阔空间，在这里，没有过多的墙壁进行阻挡，也没有过多的大门需要穿越。这一空间汇聚了各种常见的或不常见的材料，并以不同寻常的方式展现这些材料；这一空间不仅彰显了材料之美，也营造出视觉张力。

我所运用的材料——原始粗糙的热轧钢、手工打造的威尼斯灰泥、涂有铅白的橡木地板、半透明的玻璃嵌板、汽车涂漆、石灰石——各有特点、形成对比。最为重要的是，墙壁、天花板和地板之间都留有长约1厘米的空隙，如此一来，不同平面之间永不相交。这一空隙不仅凸显了不同平面所运用的不同材料，而且让不同材料之间的过渡变得清晰而明朗。在不同材料之间留有空隙非常必要，如此一来，没有

墙壁分隔的门厅也可以清晰呈现。我们在废弃的建筑中常常可以看到如此场景：把隔墙拆除之后，地面立刻产生了变化。

沿着这一设计思路，我再往深处想：如果置身黑暗空间中，我们如何根据手边或脚下的材料来判断自己的位置，继而行走穿梭于这一空间中。在此情况下，不同材料之间的过渡需要经过精心安排，由此才能变得清晰明朗。

于是，在入门处，我添置了由热轧钢制作而成的大门与隔墙以及由抛光混凝土铺成的小路。从此往里走约4.5米处，我添置了一层楼梯，沿着楼梯往上走可以步入一条如同地毯般的嵌入式长条轨道——踏上去如同天鹅绒般柔软，而后穿过走廊通往生活区。生活区设有以威尼斯灰泥制作而成的浮墙，摸上去非常光滑。温暖柔软的羊毛地毯铺在橡木地板上，由此把客厅与书房分隔开来；粗糙朴素的剑麻地毯则铺在楼梯踏板与竖板上。

在打造生活区时，建筑材料发挥了至关重要的作用。通过这些材料，我们可以知晓自己身在何处。虽然在选择材料或选择装饰方面没有什么规律可循，但室内设计师应该时刻谨记"异性相吸"的原则，尽量让浅色材料与深色材料、光滑材料与粗糙材料、发光材料与哑光材料、精制材料与原始材料、暖色调材料与冷色调材料形成有意味的并置。

在不同的设计项目中，设计师对材料有着不同的想象与构思，关键在于通过不同材料，打造让客户乐于长久居住其中的室内环境。对材料的合理、巧妙、创新运用，可以让材料的不同优点与特殊属性发挥到极致。在此基础上，设计师可以打造内涵丰富、经久耐用、美好如初的室内环境。

199页图：
这一卧室位于新西兰的一座公寓中。在此，各式各样的材料——以皮革包裹、带铜制把手的定制大门，以皮革包裹的床头板，由理查德·赖特曼设计的带嵌板、可活动屏风，带有木框的床头柜——营造出宁静怡然的氛围

左图：
在这一设备齐全的客厅中，石灰石地板、金属咖啡桌、羊毛装饰地毯、中性色调的优雅织物、以皮革和橡木制作而成的长椅，共同营造出柔和典雅的氛围。前景处装饰有别致托盘，书架上摆放有各式相框，其中包括毛利人制作的手工艺品

光

维多利亚·哈根

在我还是孩童之时，已经对光深深着迷。我记得童年时期的第一个卧室以黄色为基调，还有一扇大大的窗户。在阳光灿烂的日子，我喜欢看着明媚的阳光从玻璃窗格倾泻而入，在我那黄色的地毯上留下活泼跳动的身姿。在夜幕低垂时分，我喜欢看着皎洁的月光在我窗外那棵硕大无比、盘根错节的枫树上洒落如银般的柔和光芒；每当此时，枫树俨然一座弥漫着现代气息与异国情调的雕塑。对我而言，这一场景如梦似幻、充满魔力。直到现在我才明白，当时最让我雀跃的不是光的跃动，而是光与万物的互动。光可以改变我身边一切事物的形态、颜色与氛围。时至今日，我在室内设计中仍然以发挥光的这种神奇力量为己任。无论在工作中还是生活中，光都犹如我的缪斯女神，给我源源不断的灵感。

设计师可以从生活的方方面面获取灵感。我曾经读到瑞典已故摄影大师斯文·尼克维斯特说过的一句话："光时而温和，时而危险，时而梦幻，时而直率，时而灵动，时而沉寂，时而模糊，时而清晰，时而炙热，时而暗淡，时而蓬勃，时而昏沉，时而纯净，时而娇媚，时而受限，时而暴戾，时而平静，时而柔软。"我完全同意这一句话。在我看来，光还有无数种形态、无数种诉说方式，这正是光让人叹为观止的地方。

室内设计师的职责，在于让光的作用在客户的房子里发挥到极致。每个人都曾住进自己喜欢的或不喜欢的空间里。在我看来，所有受人喜欢的房子都与光有着密切联系。当然，所有不受人喜欢的房子，也很有可能与光有着密切联系。对大部分人而言，对光的渴望存在于潜意识之中。而对作为设计师的我而言，光在我的意识中占据第一位。每当我进入一个空间，我首先留意到的就是光。我不仅欣赏光的跃动，我还感受光的流泻。

我总喜欢和儿子一起玩拼图：把拼图的所有碎片都铺于桌上，先拼四角，再拼外框，而后一点点拼内部。这是一个漫长的过程。进行室内设计，很像在把玩一幅错综复杂、趣味盎然的拼图，不同元素——颜色、质感、比例、材料的并置——如同拼图的不同碎片；在你拼凑不同元素的过程中，光渗透进来，让不同元素发生变化。这也是一个漫长的过程。深受光之影响的是颜色，因为光与色总是并驾齐驱、交相辉映。人们评价我是一个善于运用浅淡柔和色调的设计师，对于这样的评价我感到惊讶。因为事实上，我只在设计生涯初期设计过一所纯白色调的房子。

在我看来，室内设计讲究精微细致；我致力于为每一位客户量身定做生机勃勃、五彩缤纷的家居环境。通过照片看我的设计作品，人们每每能感受到光的流泻，这是我经过深思熟虑后做出的选择。众所周知，光在一天的不同时分会发生变化，在光的映照下，颜色的饱和度也会发生变化：伴随光的变化，深紫红色会变成露华浓红色、鲜红色或珊瑚红色。光无时不在变化——每分每秒，每时每刻，日复一日，年复一年，就像生活无时不在变化。正由于此，在进行室内设计时，设计师需要考虑光影的变化。

我记得小时候母亲带我到纽约城的美术馆参观的场景，我特别欣赏画家维米尔的作品。维米尔的作品向来以对光的精微描绘而著称。但对我而言，维米尔是在描绘一段时光、一段岁月——彼时彼地的生活在画框中生动上演、精彩延续。在观画的过程中，我不禁沉浸其中感受维米尔笔下的生活。作为室内设计师，绘制美好画作并非我的初衷，我希望为客户提供美好的生活体验。无论我在设计原始的山林小屋，还是设计舒适的海滨别墅，抑或设计时尚的曼哈顿顶层公寓时，光都带给我无限灵感。光是那样千姿百态、娇媚可爱——纽约州长岛的光、楠塔基特岛的光、洛杉矶的光、巴黎的

光彼此不同、互有差异。

　　在我的设计生涯中，我有幸曾与多位才华横溢的建筑师合作。我相信，他们和我一样，都可以证明光这一设计元素无法纳入常规的设计分类，它既不属于传统风格也不属于现代风格；它超越了时间与空间，在室内设计中彰显着变化之美。在我眼中，光是唯一真正永恒的设计元素。

联系

巴里·狄克逊

合理利用三角形这一稳固结构，可以达至恰到好处的平衡状态。这一点同样适用于理想的家居环境之中：人、建筑、环境达到完美平衡。

追求秩序感的室内设计师都善于营造如此平衡：他们对无形之物的属性与状态有着敏锐感知，懂得把无形之物以有形之态呈现出来。在此过程中，不同设计师所采取的营造方式各有不同，因为个体的设计理念与个体的生活经历息息相关。设计师的品位偏好、教育背景、往昔经历、独特视角，都影响和改变着他们所追求的审美境界。凡此种种融于集体无意识之中，最终构成设计师的个性风格。客户由于欣赏设计师独一无二的风格，而委托设计师进行室内设计。在为客户进行室内设计时，设计师的每一决策都体现出自身的设计风格，设计师的终极目标在于为客户打造专属于他们的家居环境。

为达此目标，设计师需要认真考虑三大重要联系，在统筹兼顾、相互平衡中保证室内设计按原定轨道顺利进行。

其一，设计师需要考虑家与环境之间的联系。一个小屋、一所房子、一间公寓、一套房间、一座宅第都可以成为家之所在。家可以在城里，也可以在乡下；可以在空中，也可以在地下；可以在温暖地区，也可以在寒冷地区；可以在干旱地区，也可以在热带地区；可以在森林中，也可以在大海边，还可以在大山深处（放眼望去，风光无限）。设计师的主要职责在于让家与周围环境和谐融合。透过家中窗户所看到的室外景观应该成为室内景观的一部分。"尊重自然、友好共处"的理念应该在家中体现。

其二，设计师需要考虑家与主人之间的联系。除了与周围环境融为一体之外，家还需要体现主人的个性气质。设计师需要对家的特点属性有深入了解：这一建筑是老还是旧，这一空间是大还是小，这一住所是华丽还是朴素，这一房子是阳光充足还是阴暗昏沉？它是建筑典范还是另类建筑？它是一直维持原貌还是经过翻新整改？凡此问题是设计师进行构思设计之前需要深入探讨的。唯有对家的精华、性格、灵魂有更深层次的认识与理解后，设计师才能更好地进行设计，更好地服务客户。

这是一个漫长的过程，需要设计师耐心完成。在对建筑的历史与结构、空间的大小与比例有深入了解后，设计师才能进行恰到好处、合情合理的室内设计。不同的房子有不同的灵魂。有时候，老房子会向设计师窃窃私语，告诉设计师如何通过创新改造来营造舒适氛围；有时候，老房子会向设计师喃喃低诉，祈求设计师把它们从无度的整改之中解放出来，在保留往日形貌的基础上融入现代元素，使其与现代生活产生联系。老房子俨然智慧老人一般，在历经岁月冲刷与生活洗礼之后深谙自己在过去、当下以及未来的走向。与之相对，新房子俨然初出茅庐的小伙一般，拥有新鲜的灵魂，更为勇猛也更具活力，需要设计师进行悉心引导。它们没有浪漫的倾诉，也没有历史的伤疤，只是纯粹地体现着建筑师的建造初衷。它们芳华正茂，充满生机，强壮有力。

如何让主人的精气神体现于家中？关键在于了解主人的个性气质与心理状态。主人不仅居住于房中，而且会为房子注入新鲜活力使其成为真正意义上的家。唯有在对房子和主人都有深入了解的基础上，设计师才能让二者和谐融合。

其三，设计师需要考虑设计师与客户之间的联系，这是三大联系中最重要的一环。设计师每天都在进行室内设计，然而，对于寻求帮助的客户而言，室内设计是他们很少涉足的领域。对于室内设计，客户可能非常热衷，也可能淡然待之。因此，设计师有责任充分了解客户，在此基础上打造专属于客户的家居生活。

205页图：
定制的枝形吊灯，由产自威尼斯的翠绿玻璃制作而成，此前曾在意大利水晶玻璃艺术展上展出。源自18世纪、产自意大利、设计另类的壁炉架，由设计师从旧金山的旧店铺中购入。配有织物软垫、带有冰蓝图案的座椅，营造出休闲和谐的氛围，吸引人们在此相聚畅谈

设计师需要认真聆听客户的心声，深入了解客户的愿望，尤其是那些深藏客户心底的愿望。通过详细记录客户的家庭成员、现有设备、开支预算、手续程序等，设计师对客户的内在需求、生活方式与休闲方式有所了解。

设计师在与客户沟通的过程中，需要仔细聆听、认真观察、悉心记忆。高级女装制作的基本原则为：裙子为女士所定制，需要展现女士的个性气质。这一原则同样适用于室内设计，房子为主人所定制，需要恰到好处地展现主人的个性气质。设计师为客户定制室内空间，是为了避免如同样板房般千篇一律、一成不变的设计。在此定制过程中，设计师创造出独一无二的室内空间：在此，室内与室外融为一体，主人与房子和谐融合，过去与当下微妙对接。

右图：
这一客厅弥漫着浓郁的异域风情——包括地中海、摩洛哥、威尼斯、土耳其、西班牙与希腊风情，一切都笼罩在黄色基调之下。厚圆椅垫的侧面装饰有希腊风格图案，别具魅力，引人注目

真情流露

安东尼·科克伦

我乐于让客户真情流露。幸运的是，由于我致力于在室内设计中另辟蹊径、创造惊喜，因此当我向客户展现经过精心设计的新家时，客户总会欣欣然爱上这一新家，还常常会喜极而泣，如此欢乐时刻总是带给我极大的喜悦与满足。

我之所以用了"欣欣然"一词，是因为只有在感到欣喜的基础上才能感到满意。当然，我的目标是让客户发现经过重新设计的室内空间符合他们的预期，而且超出他们的想象。想要达到此目标，秘诀在于让整个设计项目圆满完成、尽善尽美。也就是说，在达成客户的各种愿望与期许之外，设计师还需要对客户没有想到的各种细节进行加工与完善。如此细节加工如同锦上添花，试问有谁不喜欢锦上添花呢？

打造新家，从来就不只关乎沙发、桌椅、镜子、窗门的设置。当然上述种种都很重要，但更为重要的是，如何让沙发、桌椅、镜子、窗门与配饰、艺术品、日用品（包括不起眼的物品如纸巾盒套）组合搭配，使其构成一个有意味、有趣味的和谐整体。此外，打造新家还需要考虑以下细节问题：房子是否需要配置香薰？房子是否需要鲜花点缀？如何把书摆放在书架上？主人打开冰箱后希望看到什么？（答案：一瓶香槟；在新居入伙的重要时刻，主人当然需要品尝香槟庆祝一番）

然而，很多客户却从未享受过上述欢乐时刻。他们对设计师说："你负责家具、地毯的设置，我负责其他装修事宜""我已经购置了相关饰物""我自己想办法。"当他们初次踏入经过重新设计的新家时，并没有欣喜不已，也没有真情流露。对于最后的结果，他们只是隐约感到满意，却没有如预期那样兴奋不已；至于为何如此，他们也不甚了解。事实上，这是因为他们没有见识到改变的神奇力量，这种力量只有在新家得到圆满改造、细节做到尽善尽美之时才会彰显。

圆满改造新家的理念并非我所独创，而是我从两位设计大师身上学到的。在我的设计生涯初期，我非常有幸在约翰·萨拉迪诺门下工作，后又在维多利亚·哈根门下工作。在两位设计师将要完成设计项目的一周前，他们会要求客户离开即将完工的新家。当客户重返新家之时，他们都纷纷感叹这就是他们梦寐以求的新家。此后一段时间里，客户会不断致电设计师，告知他们在新家中发现的各种完美细节，兴奋之情溢于言表。他们好奇设计师"是如何打造梦想之家"的，我从两位设计大师身上找到了答案：室内设计的每一细节、每一元素都经过周密考虑、达到尽善尽美。这一答案看似玄乎其玄，实则非常实用。

客户出于各种原因——设计师的名声、口碑、品位、视野、风格——而选择特定的设计师，每位设计师都有自身的优势所在。然而，没有客户会选择他们不信任的设计师，这一点值得引起每位设计师的重视。在进行室内设计时，设计师不仅把自身所学与多年积累倾注其中，而且致力于从新的视角出发，为客户提供更为美好的视觉享受与更为完善的生活体验。对设计师而言，融合不同风格与品位、对接不同年代与主题、搭配不同家具与配饰是工作常态。因此，客户应该信任设计师，为设计师留出足够空间让其自由发挥。最后经由设计师重新打造的新家，应该可以带给客户以惊喜与感动。因为正如其他优秀设计师所告诉你的那样，没有什么比客户的喜极而泣更能让设计师感到满足。

209页图：

在此，设计师借鉴大自然的灰尘之色，巧妙运用丝绒、绸缎、羊绒、亚麻布等材质呈现了一系列灰色调。经过精心挑选的饰物，为这一空间增添了温馨气息，让主人感受到家的亲切

图案

马卡姆·罗伯茨

对我而言，图案蕴含着趣味与意味，交织着深度与广度，给人以遐想与灵感。

图案随处可见、无处不在，可以以任何形式呈现：从室内的织物、家具、艺术品到室外的风景树木、青葱草地。

我在设计花园或设计织物时，总喜欢把玩各种图案。根据实际情况和视觉效果，有时我会对大小不同、颜色各异的生动图案进行丰富的组合；有时我会对材质不同、颜色一致的生动图案进行微妙的混搭；有时我会两者兼之。

图案可以引起观者的情感共鸣，即便这种共鸣是潜意识的，仍然充满力量。比如，条纹图案可以让人感到韵律与宁静。想想波茨坦夏洛腾霍夫宫中那井然有序的房间，让人联想到整齐划一的军营生活；想想墙壁上或家具上那不断重复的条纹图案，让人心情愉悦、浮想联翩。

又比如，花卉图案可以让人联想到身边的世界，让人感受到自然的大美。花卉图案可以是明亮欢快、生机勃勃的，也可以是含蓄节制、阴郁忧伤的。其他图案如亚麻印花图案、印度伊卡特扎染图案、中亚民间绣花图案、中国风景图案等，弥漫着浓郁的异域风情，仿佛能把我们带往遥远的地方。

图案甚至可以发挥改变之"魔力"。比如，把非洲部落图案元素融入乔治王朝时代出品的扶手椅上，这不仅可以为传统工艺增添活力，也可以让庄重风格变得轻松自在。巧妙运用图案，可以让严肃古板的老式家具变得温和可爱。

常常有人问我，我是如何对不同图案进行组合搭配的，我一直无法给出让人满意的答案。在我看来，图案搭配更像一门艺术而非一门技术。因此，除了不要把难看的图案拼在一起以外，我无法给出其他技术指导或黄金法则。我认为在搭配图案时，需要根据实际情况具体分析。因此，我总是告诉人们：在生活中用心观察，看看什么图案让他们最为赏心悦目。

在一些设计项目中，我曾经对图案进行大胆混搭。空间广阔的房子里，各种物件——比如墙壁、窗户、家具、地毯——齐聚一堂，我为家具装上软垫，为窗户配上窗帘，再添置各种装饰物和艺术品。如此一来，各式图案和谐并置，共同为这一空间增添美感与活力。

在另一些设计项目中，我在遵循原定计划——营造宁静氛围——以外，还巧妙运用了一些精细图案，以此避免单调枯燥，为室内空间增添视觉趣味。在设计卧室时，我旨在让置身其中的人们可以安然入睡，但这并不意味着卧室要呈现单调图案，让人感觉沉闷。相反，我运用带有不同图案的不同材质或不同物件（比如，形状各异的家具就和图案各异的织物一样充满趣味）来达到让人赏心悦目的视觉效果。

设计师需要运用不同图案为房子增添视觉趣味（无论这种趣味是显而易见还是若隐若现的），以此营造让人愉悦的整体氛围。我曾对一所样板房进行室内设计，这一设计项目充分体现了我对图案的巧妙运用与整体规划。样板房是一所采用嵌木结构的小型公寓，位于由斯坦福·怀特依照维拉德别墅等比例建造的建筑之中。

我通过为嵌木板装上带图案的蓝绿色羊毛垫子，以凸显嵌木结构的迷人魅力，同时让样板房笼罩在蓝绿色基调之下。如此一来，房中的嵌木板上呈现出斑驳而优美的蓝绿色，为挂在木板墙上的艺术品提供了极佳的背景。木板墙上挂着材质不一、形状各异的相框以及丰富多样的艺术品，形成有意味、有趣味的并置，无论远观还是近看都别具一番魅力。

除了为木板墙添置各式图案以外，我还为地板和天花板添置了特别图案。地板上的老虎图案地毯和天花板上的软木结构彼此呼应、互相平衡，为以蓝绿色为基调的房子增添了灵动的颜色变化。此外，我通过合理安排、精心搭配各种风格不同的家具和饰物，为房子添置了

更为丰富的图案，使其充满视觉吸引力。

无论是对"包罗万象"的大型空间进行设计，还是对宁静朴素的小型空间进行设计，图案都起到关键作用。巧妙运用各种生动图案，可以让室内空间中的一切变得活力无限。

期望

保罗·西斯金

在进行室内设计的过程中，有各种各样的因素在发挥作用、产生影响。其中，客户期望、成本预算、实用功能、空间尺寸、周边环境产生了尤为重要的影响。好的设计师应该把所有因素考虑在内，经过反复思量、不断研究，最终制订出合理的设计方案。这一方案不仅可以满足客户的基本需求，也可以满足客户的内心期望——也就是说，满足客户对美的追求、对社交的渴望、对美好生活方式的期许。

尽管如此，设计师仍然需要判断客户的期望是否符合实际。

举例来说：我曾与一位潜在客户会面沟通，她希望我对其在曼哈顿市中心的一座新公寓进行室内设计。这一公寓设有两个卧室，位于一幢战后修建的白砖建筑之中。我让她向我展现一些图片，让我通过图片了解她所欣赏的空间、所喜欢的物品、所希望融入新家的物件。她向我展示了一张图片，图片中是热播电视剧《唐顿庄园》中的豪华宅第。我努力向她解释：她的公寓空间非常狭小，因此，我很难把这一高3米的公寓设计成《唐顿庄园》中恢宏大气的大宅（其天花板非常高大）。最后，这位客户决定不与我合作。我想这对于双方而言都是好事，因为我相信在设计空间有限、设计师能力有限的情况下，最终的设计成果无法满足客户期望。

当客户认为新家会对他们的生活方式产生深远影响时，他们就会产生不切实际的期望。

举例来说：一对年轻的夫妇购置了一栋弥漫着古典建筑风格的别墅。女主人向我展示了建筑平面图，还向我描绘了入住这一别墅后的新生活：他们会在这里举办盛大宴会，参加宴会的客人可以在客厅享受鸡尾酒，在饭厅品尝晚餐，在书房畅饮咖啡等饮料，在媒体室观看大幕电影。就在女主人绘声绘色地描述之时，男主人过来对我说：他们并不热衷于举办宴会、款待客人。

设计师有责任让客户了解其室内空间的有限性。比如，虽然设计师可以为客户在公寓中设置储物室，但在日常生活中，客户仍然需要根据空间大小、物品多少来合理放置物品。

当然，财政收入与所处环境的变化，会促进生活方式的改变。但是，生活方式的改变需要人作为主导，只有人做出改变，其生活方式才会改变。这一点只可意会不可言传，设计师在设计中需要多加注意。随着时间的流逝，我和客户之间的关系越发融洽，沟通也更为顺畅。这种和谐关系越早建立越有助于室内设计。

一般而言，我的室内设计会根据不同客户而体现不同特点。我的设计风格没有那么鲜明，人们看到我的设计作品后无法立刻辨认出其出自谁手，为此我感到自豪与满足。我帮助客户对房子进行设计与规划，在此过程中，客户积极参与，出谋献策，并不断把自身期望投射到房子中。正是客户的参与，才让这一房子成为专属于客户的家，而非我为设计事务所设计的样板房。

委托定制

艾米·劳

时至今日，我在看室内设计杂志时，可以准确判断出其中大部分装饰物件、设计元素源自哪里。我可以通过翻阅定制目录或直接上网查询，来追踪这些物件、元素的来源。如果你像我一样熟悉室内设计的行情，并渴望打造独一无二的家居，可以委托艺术家和手工艺人帮你完成这一愿望。

通过委托定制，人们把无限创意与独具魅力的手工艺术融入室内设计之中。与其购买寻常可见的沙发软垫，不如委托编织匠人制作带有丝绸装饰的结子花式棉垫。与其购买普通面料的枕套，不如委托手工艺人定制特殊材质的枕套。长居加利福尼亚州的设计师劳伦·桑德斯善于运用嵌花毛毡、绣花丝绒等材质手工制作各式抱枕。在对芝加哥一座公寓进行室内设计时，劳伦·桑德斯亲手编织了带有璀璨星光图案的织物，以此与挂于墙上的雕塑品互相呼应（此雕塑品源自20世纪中叶）。

也许这听上去有点不可思议，但很多知名设计师如劳伦·桑德斯确实热衷委托定制，并与多位手工艺人保持长久合作。事实上，很多艺术家和手工艺人都乐于为客户打造独一无二的产品。人们只需致电他们，即可委托定制。比如，如果你有一张特别的咖啡桌（桌上装饰有以乌拉圭玛瑙制作而成的厚板），现代主义雕塑家西拉斯·肖恩德可以为这张咖啡桌打造青铜边框。又比如，如果你有幸拥有一个双层高客厅，知名画家、雕塑家马尔科姆·希尔可以为客厅中视平线以上的墙壁打造三维浅浮雕。

有时候，人们想要一样装饰元素，却无法在市场中找到，此时委托定制可以满足人们的需求。我曾为纽约的一位客户——这位客户对东方哲学有浓厚兴趣——定制一个弥漫着现代风格的壁炉架，这是我最喜欢的一件定制品。这一壁炉架采用不对称设计，其不规则的实木木板透出原始纹理，弥漫着浓郁的自然气息。我在为一座阁楼——这一阁楼位于纽约，弥漫着亚洲建筑风格——进行室内设计时，曾委托纽约 BDDW 家具店的创始人泰勒·海斯定制一个核桃木壁炉架。泰勒·海斯在制作的过程中，保留了核桃木的原始纹理，由此赋予壁炉架以禅宗的意味，与阁楼的建筑风格互相契合。

如果你想要委托定制，提前计划往往能取得事半功倍的效果。你可以预先在一张很大的纸上完整画出定制地毯的样式，或者在房间的地面贴上蓝色胶带，以便获悉地毯的尺寸。测量图固然有效，但更为有效的是，你和手工艺人一起实地测量，共同打造一盏专属于这一空间的枝形吊灯。如果你无法亲自设计，你可以为手工艺人提供详细资料与参考图片，让手工艺人按照你的意愿制作相关产品。在与手工艺人合作的过程中，要悉心保存各种草图、详细记录关键信息、尽可能收集更多文档图片，以便让委托定制顺利进行。

翻阅设计史，无数范例均表明：委托定制家具对室内设计大有裨益，尤其是在为豪华住宅进行室内设计时。时至当下，人们依然可以通过和家具设计师合作，为自家住宅添置整套定制家具。委托定制的家具可以为室内设计注入生机与创意，为人们带来美好愉悦的视觉享受。除此之外，委托定制的家具还具有无限升值潜力，部分定制家具最终进入了博物馆、拍卖场和家具展览厅。总之，随着时间的流逝，委托定制的家具将成为珍贵的传世之宝。

217页图：
在这一客厅中，不规则沙发由艾米·劳委托知名家具设计师弗拉德·卡甘所设计定制；巨型枝形吊灯由灯具设计师林赛·阿德尔曼为这一空间所专门定制

质量

撒德·海耶斯

设计师很少谈论"用完即弃"这一普遍存在的文化现象。劣质产品往往无法经久耐用或经久耐穿，因而总难免落得被人丢弃的下场。此外，作为现代消费者的我们也往往倾向于弃旧换新。使用数年后，沙发软垫变得坚硬，对此我们应该如何处理？是直接丢弃沙发还是为沙发重装软垫？我的建议是不要丢弃沙发，因为一张优质沙发的使用寿命可以达到 30 年；如此说来，重装软垫是较为合适的解决之道。我的母亲曾经送来两把产自 20 世纪 50 年代的俱乐部椅，让我帮忙重装软垫和清理翻新，我很乐于帮助母亲完成如此翻新工作。"不浪费，不匮乏"的理念在大萧条时期非常盛行，直到 20 世纪 60 年代一直对美国人的生活产生影响。此时期，为家具翻新、整修、重装软垫非常普遍。

挑选精心制作、经久耐用的产品非常重要也非常必要。这表明人们在消费过程中更注重质量而非数量，这样的消费观念更为合理，也更值得推广。我在生活中常常遇到持有这种消费观的人们，他们虽然只有中等收入，却都善于挑选精心制作的优质产品，比如一把椅子或一件礼服衬衫。

心灵手巧的工匠 —— 他们编织沙发软垫、打造精美灯罩、制作铜制器具、为桌椅涂漆 —— 正在日益减少，他们手工制作的产品也被批量生产的产品所逐渐替代。然而，在质量上，批量产品远不如手工制品。

最近，我和团队成员在办公室举行两个月一次的会议。我们首先谈论的是如何与灯罩制作工匠（其数量也在不断减少）展开合作。合作项目如下：他们负责运用丝绸、亚麻布、不同颜色的纸等材质来制作灯罩，不同灯罩根据不同灯的形状与风格定制而成，最终的产品或带有丝带、绳线等小装饰，或呈现简约风格。工匠制作灯罩的过程，和往昔波道夫·古德曼奢侈品店中工匠制作女帽的过程非常相似。人们从 20 世纪 80 年代中期（我也是在此时期开

右图：
这一公寓位于纽约城皮埃尔酒店之中。在此，镜中映照出由艺术家奥德·奈卓姆创作的绘画作品。天花板的装饰、壁突式烛台、悬空搁板、长凳都是专门为这一空间所定制的

220—221页图：
这一位于纽约第五大道的顶层公寓，以中性色为主要基调，为当代艺术品（包括由罗丝·布莱克纳、哈兰·米勒创作的绘画作品）提供了极佳的展现舞台。咖啡桌上摆放着精美雅致的皇家哥本哈根瓷器

始从事室内设计工作）开始使用这些精美灯罩，然而时过境迁，当下许多精制灯罩已经不再流行。究其原因，一方面，现今的灯罩制作者缺乏相关技术训练与审美熏陶，以致往昔的精湛工艺逐渐没落；另一方面，当下的人们更愿意购买较为廉价的灯罩，这些灯罩是批量生产的产品，不仅质量有所下降，而且还与灯具本身毫无联系。

网上海量信息把我们重重包围，在线产品服务为我们"保驾护航"，因此，我们在购买各种家居用品或装饰用品时——比如水槽、瓷砖、石山、古董——往往倾向于网上购买，而非去到实体店精心挑选。电脑屏幕上的产品图片无法清晰展现产品的质量、重量、比例、做工、手感等。我们越是沉浸于在线购买产品，越是无法感受实际产品的精华所在。

室内设计师需要特别注意不同物品的实用功能与组合搭配。设计师不仅需要创造美观有趣、引人注目的空间与物品，还需要保证空间与物品实用有效、经久耐用。在施工图中，设计师应该详细标明细节，让承包商了解相关建造方式、安装方式和组合方式。此外，设计师还应该在保证物品的质量与寿命的基础上，合理运用实木和薄木片——实木可以给人带来坚固可靠之感，薄木片可以给人带来原始质朴之感。设计师所怀有这样的愿望：随着岁月的流逝，他们所设计创造的空间与物品可以越发彰显魅力，给人们带来更美好的观感与触感。

在大众消费大行其道、"用完即弃"现象随处可见的年代，拥有精心制作、持久耐用的物品对我们而言有着特殊的意义，它们是我们在无常而多变的世界中所能保有的一方恒定而纯净的天地。我们需要回望并延续曾经璀璨美好的传统技法，以此让传统工艺焕发新的生命力，同时让质量重新得到人们的珍视。

合理删减

简·施瓦布、辛迪·史密斯

下图：
这一住宅位于北卡罗来纳州夏洛特。住宅中的客厅非常适合主人与好友相聚或举办大型派对。大型石灰石壁炉和石膏墙壁与古典的奥沙克地毯和谐搭配，粉紫色的地毯为这一空间确定了主要基调

223页图：
在这一位于佛罗里达州的住宅中，帕拉第奥式窗户朝向户外花园。墙面涂有乳白色油漆，门窗边框以自然石灰石制作而成

美国人非常擅长同时完成多项任务，也非常擅长提高效率以适应快速的生活节奏。时间非常宝贵。因此，我们只在重要时节，才和至亲在家中共享欢乐时光。对我们而言，家比以往任何时候都更为重要，它不仅为我们提供生活居所，也为我们提供避风港湾——在这里，我们和家人可以远离喧嚣世界、共享天伦之乐。

在我们看来，家应该体现主人的个性特质，应该给人宁静舒适之感。室内设计应该促进而非阻碍人与人之间的沟通交流。著名设计师西比尔·科尔法克斯曾经写道："房中的一切都应该简约朴素且设计巧妙，让居住其中的人们可以享受舒适生活。"我非常同意这一观点。只有通过合理删减，才能打造舒适怡然的家居环境。

"舍雅风和"（Elegant Serenity）这一设计理念源远流长，它彰显了明智取舍与合理删减之重要性。美国第三任总统托马斯·杰斐逊深深着迷于古希腊罗马建筑和简约肃穆的风格，因此他鼓励设计师把如此风格运用到美国第一批公共建筑的设计之中。古希腊人把数学公式运用到建筑领域，从中发现黄金比例，引导人们感受空间之美与和谐，他们还把节制融入建筑设计之中。今日之设计师在进行删减的过程中，需要借鉴古希腊人那经过时间检验的设计原则——清晰、简洁、平衡。英国维多利亚时期"工艺美术运动"的发起人威廉·莫里斯曾如此说道："我们房中的一切都应该兼具实用性与美观性。"

为实现简约而进行删减不会导致平淡。精雕细琢不代表浮华造作。无论精致之物还是朴实之物，都可以成为室内设计中的美好装饰品。在删减物件的过程中，设计师应该扪心自问：这一物件置于房中，是否符合我们对这一房子的期待。

为实现平衡而进行删减，是设计师出于空间考虑而做出的选择。在室内设计中，设计师努力实现平衡，这让人联想到古希腊建筑所追求的平衡之美。在此过程中，设计师应该认真探讨：在这一空间中，人们的眼睛是否得到歇息机会？如果每一物件都是那样引人注目，人们的眼睛就无法得到歇息；如此一来，人们就无法细细品味每一物件的独特之处。好的室内设计应该让人们的眼睛得到歇息机会。

为实现美观而进行删减，是室内设计的重要环节。在这一环节中，设计师需要花时间走进市场，用心挑选少而精的物件而非多而杂的物件。

艺术家精心制作各式物件，通过优雅造型、精细雕刻、精美器具来体现他们的审美理念与艺术视野，这一切都让设计师为之赞叹。时间在这些物件上所留下的斑驳痕迹，让设计师不禁思考往昔时光中有谁曾为这一物件所感动。设计师乐于寻觅呈现特殊质感的物件，这些物件可以带来独特的观感与动感。设计师乐于购

置以真材实料（比如银、陶瓷、骨头、木头、石头）制作而成的特别物件，这些物件具有真正的装饰价值。

　　精心挑选美好之物，与此同时，合理删减多余之物，可以在室内空间中营造简约怡然的氛围，也可以让置身其中的人们享受舒适生活。合理删减可以给人们带来美的享受，也可以给人们带来舒适之感。

丰富层次

亚历克斯·帕帕克里斯提斯

创造富有层次的室内空间是我的工作常态，也是我的设计目标。为达此目标，我既需要遵循一定原则，也需要充分发挥想象。无论我在设计一座建于战后、位于曼哈顿的公寓，还是设计一所建于当代、位于乡村的屋舍，古董装饰、现代艺术、定制家具所构成的不同层次，都可以为室内空间增添无限魅力。

营造丰富层次，不同于把所有元素共冶一炉的"折中主义"，它需要设计师关注细节、精心安排。

在富有层次的室内空间中，所有物件都和谐搭配、融为一体，没有一件物件会显得突兀。设计师的目标是实现和谐、达到平衡，为达此目标，设计师需要对不同材质（比如闪亮材质和哑光材质）、不同图案的物件进行合理搭配。不同表面——包括陶瓷、大理石、青铜、水晶、油漆、钢铁、羊皮纸的表面——可以和谐并置、相映成趣。室内空间应该容纳各种对比元素，以避免单调重复。如果饭厅中的餐桌以深色木头制作而成，餐桌旁就应该摆放装有软垫的涂漆椅子，以此形成对比。室内空间中不应该有太多成对出现的元素，当然也有例外情况，比如我常常设置成对的壁突式烛台和床头灯。

我对优雅有着特殊偏爱，因此我成了一个非常传统的设计师。我深深着迷于18世纪的家具设计——彼时出现了最为精美的家具，比如威廉·肯特所设计的造型独特、做工精致的架子和源自18世纪、清新雅致的青铜镀金烛台。在我心中，现代最为优质的家具在造型与设计上都借鉴了18世纪的家具，由此弥漫着浓郁的古典气息。让·米歇尔·弗兰克和迭戈·贾科梅蒂设计的家具与200年前路易十六时期的椅子有异曲同工之妙。在我看来，不同时期、不同国家（比如法国、俄罗斯、瑞典）出品的家具，都自然而然地融入了古典元素：古典元素经过自由组合，赋予家具以永恒魅力。

源自英国、法国、葡萄牙的古董珍宝特别适合用于室内设计，它们和谐搭配，可以产生让人愉悦的视觉效果。透过这些古董珍宝，我们仿佛能一窥尘封多年的历史。

巧妙运用图案与材质，也是营造丰富层次的有效手段。我所选购的抱枕，正面和背面往往采用不同的面料；我所选购的法式扶手椅和餐椅，往往配有不同的软垫；我所选购的沙发，往往包含五种到六种不同的面料：不同的面料配合不同的主题，彼此呼应，和谐并置；我所选购的灯罩，往往以丝绸或棉布定制而成，再添加花边、流苏等装饰。

这些装饰细节可能无法让人们一眼看出，但在营造富有层次的室内空间中，它们起到非常重要的作用。

为让室内空间彰显主人个性，设计师应该合理运用家具、配饰和古董。每一件古董都仿佛在诉说着一个故事，让人从中追忆似水年华。古董如同"环保之物"，它们历史悠久、源远流长，客户以敏锐的双眼发现了它们"可循环再用"这一特点。

即便你从零开始装修房子，只要你懂得合理营造层次，你也可以赋予房子以别样魅力。室内设计的目标在于创造可以引起共鸣的室内空间。如果你对某种装饰物或艺术品（比如源自18世纪中国的瓷器或当代艺术作品）情有独钟，你可以在室内添置相应的装饰物或艺术品。

我相信富有层次的室内设计总是包含各种对比元素，比如把豪华的绣花沙发或镀金的家具放置在手工编织的剑麻地毯上。我喜欢给房子里的墙壁覆盖上织物面料，也喜欢给光滑的木质地板铺上带模板印刷几何图案的地毯，还喜欢给窗户配上简约的竹帘和制作精美、带有饰带的丝质窗帘。在手工编织的印度地毯上，摆放源自18世纪荷兰的带雕花桌子和源自20世纪的日本雕塑，如此组合搭配构成有趣的

225页图：
这一住宅位于曼哈顿。住宅中的书房蕴含丰富层次：在深色墙壁这一背景下，我们看到红灰相间、带有V形图案的地毯，经过扎染、以丝绸为材质的沙发垫，置于架上、以狗为造型的黄色陶瓷

226页图：
这一别墅位于曼哈顿。在此，一幅由朱利安·施纳贝尔创作的油画作品为古老的空间增添了现代的气息。以亚麻布和丝绒为材质的蓝灰色沙发上，装饰有以银色绸缎为材质、带几何图案的抱枕。带爪形足的扶手椅和搁脚凳弥漫着浓郁的古典气息

对比。

室内设计是一门艺术而非一门技术，因而鲜有规律可循。室内设计的目标在于创造体现主人个性气质的室内空间。通过精心挑选面料、家具、艺术品和巧妙营造不同层次，最终创造一个富有层次、洋溢个性、彰显魅力的家居环境。

设计元素

收藏

南希·布雷斯韦特

好奇心作为人类的一种天性，可以激发智力，可以引起兴趣。好奇心是产生创造力的前提，是拥有独特性的基础。收藏者与普通人之间的区别在于他们怀有好奇心：唯有常怀一颗好奇心，人们才可以练就鉴赏眼光与培养开阔视野，最终在收藏领域开创自己的一片天地。

为了获得引人注目的藏品，收藏者需要具备相关专业知识去评估与鉴别存疑的古物。博物馆是伟大藏品的储藏库，最为优秀的珍品佳作汇聚于此，观众从中对人类文明的发展成果有所了解与认识。历史古宅——无论恢宏大气还是简单朴素——同样具有启迪作用。

收藏是一种爱好、一份追求、一场探索，其主旨在于获得有价值之物。收藏者永远走

在寻觅之路上，永远盼望着下一件优秀藏品的出现。

藏品的种类就像人类的创造力一样无穷无尽。有的人收藏物品是为了装饰之用，有些人收藏物品是为了研究之用。古往今来朝代更迭，为人类留下了丰富多样的物品，这些物品成为收藏者取之不尽的源泉。在收藏古物之时，人们也在与历史共舞、与岁月齐飞。人们之所以被古物所吸引，是因为古物在过去、当下以及未来都可以延伸出动人的故事。对于那些钟爱当代艺术成果与创意文化并希望预见未来艺术走向的收藏家，收藏当代艺术品是绝佳选择。

每位收藏者都需要遵循三大原则：其一，藏你所爱，爱你所藏；其二，量力而行，合理消费；其三，请教行家，开阔视野。

收藏者的藏品不断经历"更新换代"。随着岁月的流逝、经历的增长、学识的积累、视野的开阔，收藏者有更多的机会接触到更为优秀的物品。因此，他们会淘汰较为劣质的藏品，而补充更为优质的藏品。如此优胜劣汰的过程循环往复、周而复始。

先于市场鉴别出一件物品的价值，这是收藏让人兴奋与满足之处。有时候，鉴别物品全凭直觉；在瞥见物品的第一眼，收藏者已经感受到这件物品的价值。很多设计师天生具有"敏锐眼光"；这是一种天赋，设计师欣然接受如此天赋。具有"敏锐眼光"的设计师自然可以"看"到物品的形态、比例与大小，并感知到这一物品与其他物品共同置于室内空间时会产生怎样赏心悦目的视觉效果。

不过一般而言，"敏锐眼光"也需要培养，在培养的过程中还需要遵循一定原则。阿尔伯特·哈德利曾经说过如此名言："'观'很难做到。大部分人'看'到很多东西，却从未'观'到任何东西。'看'是感性的过程，'观'是理性的过程。"人们需要掌握"观"看之道，才能准确评估物品价值。缺乏"敏锐眼光"，人们不

可能准确判断物品价值，也不可能发掘意义深远的藏品——透过这些藏品，我们可以了解过去、展望未来。想要具备如此"敏锐眼光"，需要终生学习、不断积累。很多收藏者为了保存文化遗产而去收藏珍宝，有朝一日他们会把藏品悉数捐赠给公共美术馆或博物馆，以期为延续人类文明做出自身贡献。

收藏并非总是阳春白雪、曲高和寡；事实上，日常用品也可以成为藏品，只要人们在收藏的过程中感到兴奋、收获惊喜。收集普通纽扣和收藏古典家具的设计手稿一样，可以让人感到兴致勃勃、趣味盎然。在收集和收藏的过程中，收藏者通过不断探索，逐渐了解到物品背后的故事——何时何地何人出于何种原因干了何事，这是收藏让人激动之处。如果人们对彰显自身身份之物——我们曾经创造、正在创造、未来创造之物——无动于衷的话，他们就不可能了解自我、了解他人乃至了解一切。好奇心是开启探索之门的钥匙；没有好奇心，就没有藏品，就没有生活。

上图：

这一住宅位于亚特兰大。在此，一对源自18世纪晚期、带扇形靠背的温莎椅子和一对经过精雕细琢、以铁和木为材质的古董枝形吊灯，共同为客厅增添了别样魅力，让人们联想到璀璨的星光。

229

岁月留痕

凯瑟琳·斯考特

真正的美存在于具有岁月留痕的日常用品之中，而非从奢侈品店购买的名牌产品之中。

我把这种美视为瑕疵之美。"瑕疵比完美更为动人"，这一理念并非我所独创，而且除我之外，还有其他人信奉这一理念。这一理念源自日本"残缺之美"的哲学理念，在此理念的引导下，人们从心底珍惜周围每一物件身上那斑驳可见的岁月留痕。"万物有灵，常怀珍惜之心"，这是一个耐人寻味的理念；信奉如此理念的人们，懂得人与万物之间的联系：融为一体、赤诚相待、共生共荣。在此宇宙天地间，每一元素都不可或缺，不同元素所构成的整体在我们身边散发着别样的美。

设计师所履行的职责在于通过重新布置人们的居住环境以提高人们的生活质量。不同设计师有着不同的设计风格。受"残缺之美"的启迪，我致力于通过合理布局与巧妙安排来展现生活之美。这一过程需要统筹兼顾、注重平衡，因为如果一个空间汇聚了太多残破之物，它会给人衰落之感与混乱之感。精心挑选带有岁月留痕的物件或材质（比如古董家具或残破的建筑构件）——它们身上所留有的斑驳痕迹因记录了历史、承载了记忆而更显珍贵。

有时候，有些客户会对我的设计方案产生怀疑，因为"残缺之美"对他们而言是一个全新的概念，为此我不得不对设计方案做出调整。人们认为完好的物件更优质也更实用，如此观念导致人们所选之物往往是无灵之物。这似乎是当下社会普遍存在的一种现象，对于是否在厨房安装大理石案台，人们犹豫不决，因为他们担心大理石会受损刮花。对此我的看法是，案台只有在受损刮花之时才真正体现其美感，因为这表明这家主人爱家顾家、想家念家。让家中一切完好如新——使其看上去似乎从未使用，实际上，会让家中一切变得死气沉沉、毫无魅力。天地自然、凡尘俗世，尽善尽美并不存在。人们对"一切完好如新"的渴望，让我想起了批量生产和人造材料。然而，相比之下，我认为手工艺品和自然材料更具美感。

在我的欧洲之旅途中，我留意到石板地表面受到不同程度的磨损，这是我第一次对岁月留痕产生兴趣。大理石并肩排列、形成石道，人们行走其上、留下足迹；石头表面颜色斑驳、凹凸不平，带给人特别的观感与触感；如此岁月留痕，即便能工巧匠也无法复制。以做旧工艺铸造的"古物"虽然逼真，但仍然比不上真正经过岁月洗礼的古物，因为它们没有与特定场域产生联系。

以古老石头砌成的道路、墙壁、建筑构件，形成一个特殊的场域，见证了数百年来人们在此间的活动；其磨损表面，也成为历史学者与人类学者的研究对象。当你行走在古道上或穿行于老屋中，你不禁驻足停留、浮想联翩：数百年来，人们在此日复一日地安详生活，一点一滴地留下印记。于是乎，这一地点也具有了特殊的意味与意义。

231页图：
这一住宅位于布鲁克林。住宅中的饭厅里，墙壁以粗糙灰泥粉刷而成，岁月在墙面留下点点痕迹。餐桌以柏木制作而成，由于没有覆盖保护膜，在经年累月的使用中，桌面已留下斑斑印记。背景处的胡桃木书柜涂有油漆，让胡桃木之纹理更为凸显

古董

蒂莫西·维伦

在大多数人看来,"古董"指那些具有升值潜力的古旧物品。然而,这一定义并没有把古董所承载的情感因素与内涵寓意考虑其中,正是情感因素与内涵寓意——古董的美感、光泽、形制、做工、与文化历史及人类社会的联系——让古董变得引人注目。古董以各种形式在我们的生活中留下印记:给我们留下纯粹的视觉体验,为我们带来关于物品的回忆,让我们看到在时间的长河中人类用双手创造的物质的、诗意的遗产。古董可以唤起我们的情感,引起我们的共鸣,影响我们的心情。

我从小在美国中西部长大,常常和母亲一起前往当地的拍卖会、房地产销售现场,彼时小小年纪的我已经对古董深深着迷。我购买的第一件古董是一把乔治一世时期的红木扶手椅,上面铺有我 12 岁时购买的针绣花边坐垫。从此之后,我对古董的热爱与日俱增,我开始踏足伦敦和纽约的苏富比拍卖会。在那里,我学会了如何对古董进行评估与登记,如何记录古董的质量、品相、来源、存世数量。如此珍贵的经历开拓了我的视野。

古董让我着迷的是它的"灵魂"、它的内在美。古董给人带来视觉的震撼与审美的愉悦,这是第一位的;古董承载着深厚的历史底蕴,这是第二位的。我在室内设计中通过添置古董,让置身其中的主人产生情感的共鸣。

在《品位饰家》(*The House in Good Taste*)中,艾尔西·德·沃尔夫如此写道:"魅力之于个人,如同品质之于艺术品。尽管我们可能无法解释这种品质,但我们可以感受这种品质……对于博物馆而言,一件家具的价值体现在其存世年份上,而对于家庭而言,一件家具的价值体现在其功能与美观上。"我相信,艾尔西·德·沃尔夫所言的"品质",也体现在古董的形制、光泽、比例、做工上。无论对于浮华艳丽的洛可可风格家具还是对于节制内敛的新古典风格家具而言,形制与比例都至关重要。

正如对于镶木拼花地板、配有镀金合金底脚的精美羊皮五斗柜、手工精致的盾牌、严丝合缝的抽屉而言,手工技艺至关重要那样。

这些年来,我见识了许多优秀的手艺人与修复者,他们为了修复古董而制作零件、拆解零件。如此经历让我对古董有了前所未有的深入了解。对我而言,制作工艺是古董称其为古董的关键元素。对于一丝不苟、认真严谨的古董修复,我一直赞赏有加。我曾见过一件源自瑞典的古董因为年代久远而渐渐剥落表层颜色,也见过一件源自爱尔兰的古旧红木桌子由于日照而褪去颜色。在我心中,这些残破而陈旧的古董散发着无与伦比的美丽。

无论你是在马萨诸塞州的布利姆菲尔德古董市场,还是在巴黎左岸的一家小型古董店中遇到一件独特而奇妙的古董,学会鉴定这件古董、深入了解这件古董固然重要,但最为重要的是你对这件古董有自己的感受。我总是建议客户在购买一件古董前,看看他们与这件古董之间是否有心灵交流,他们是否喜爱这件古董并希望在生活中与这件古董相伴。

人们告诉我,古董是有上百年甚至更为久远历史的物品,然而这一定义在当下已经不再准确。无论是约翰·瓦迪在 18 世纪 60 年代为英国乡间的哈克伍德房舍制作的木制镀金镜子,还是皮埃尔·让纳雷在 20 世纪 50 年代为印度昌迪加尔新城制作的柚木藤椅,都可称为古董。也就是说,即便一件物品只有 50 年历史,只要它身上留下了时间的烙印与手工艺的痕迹,它就是一件古董。经过精心布置的一系列古董自有其美感与魅力,不仅可以装点我们的房子,也可以丰富我们的生活。正如约翰·济慈所说:"美好之物总是让人愉悦。"

233页图:

在这一位于曼哈顿上东区的连栋房屋中,饭厅弥漫着浓郁的历史气息,天花板上挂着一盏于19世纪初期意大利出品的枝形吊灯,墙壁上挂着一对于20世纪40年代出品的壁突式烛台。在灯光灿烂与烛光摇曳下,路易十六时期出品的餐桌笼罩在一片欢乐氛围之中。餐椅借鉴了瑞典家具风格,是主人为这一饭厅专门定制的复制品

右图：

在这一位于纽约的连栋房屋中，摄政时期的橡木桌子周围摆放着18世纪早期英国的镀金胡桃木凳子。一对源于意大利佛罗伦萨科西尼宫的半镀金扶手椅与图拉真皇帝的巨型大理石雕像和谐并置。壁炉架上挂着由18世纪的艺术家乔瓦尼·保罗·帕尼尼创作的油画作品

艺术收藏

玛莎·安格斯

我曾在巴黎美术学院学习，我至今记得我的法国老师和同学都对美国时尚、美国文化特别是美国艺术不屑一顾。事实上，我在巴黎修读艺术史课程期间，美国艺术从未被老师提及。老师告诉我们：理解艺术的唯一途径是学习古典艺术、了解传统技艺。在课堂上，我们对着石膏模型和解剖人体进行素描练习，我们运用单一色调、规范笔触进行绘画创作。如此严格的训练旨在把我培养成为一名艺术家；然而，如此刻板的理念也让我产生怀疑：观看艺术的方式，是否可以更为多元？

作为一名受过严格训练的艺术家，我总是把室内设计视作艺术世界的延伸。幸运的是，我的很多客户都有丰富的艺术品收藏，我从这些艺术藏品中获得室内设计的无限灵感。优秀的艺术品和巧妙的建筑构件一样，有助于营造美好的空间。相反，劣质的艺术品，不仅无助于营造美好的空间，甚至会破坏建筑原本完好的格局。因此，我更乐于看到我的客户拥有优质的艺术品和简朴的家具，而非拥有劣质的艺术品和精美的家具。

作为一名专业的室内设计师，我常常受客户委托帮忙购买艺术品。我非常乐意为客户效劳，但我总会建议客户和我一同购买艺术品，由此开启他们的艺术品收藏之旅。在购买艺术品的过程中，我会要求客户仔细观看、用心思考。想要成为一名合格的艺术品收藏者，客户需要参观美术馆、与艺术行家交流、广泛阅读各种艺术书籍，在日积月累中逐渐培养鉴赏眼光。最为重要的是，客户应该购买自己所热爱的艺术品，因为顶尖的收藏家都对自己购入的每件物品无比热爱。

在我所认识的艺术品收藏者中，大部分都出于对艺术的热爱而开始购买艺术品；艺术的独特魅力，让人们从艺术爱好者变成艺术收藏者。也许这是因为艺术收藏为人们提供了展现个性另一面的难得机会。比如，我的一些客户

虽然非常守旧，却热衷于购买前卫艺术家玛丽莲·明特的作品。因此，他们的房屋虽然在外观上非常传统，可进入房中却是另一番景象，到处弥漫着现代气息。

价格无法完全体现作品的价值。我收藏的许多由新兴艺术家所创作的版画和素描作品（价格相对实惠），与知名艺术家所创作的作品（价格相对昂贵）相比亦毫不逊色。在购买艺术品方面，我的建议为：避免追逐潮流——追逐潮流是从众心理在作祟——而根据内心喜好去购买艺术品。

艺术与室内设计应该在保持距离的同时积极互动；就像一对夫妇那样，双方既需要独立空间，也需要共同生活。艺术与室内设计之间不是竞争关系，也不是从属关系。艺术往往扮演着"鼓动者"的角色，因为艺术在引起情感共鸣方面从未失手。艺术品和墙纸不同：人们从艺术品身边经过时不会置之不理（当然，我知道有些墙纸做工精致，几乎可以和艺术品相媲美）。艺术品可以引领人们通往别处，而人们也乐于被艺术品所引领，因为人们知道别处风景独美。

在阿兰·德波顿看来：艺术品"实用、治愈、与生活密切相关"，伟大的艺术品可以给人们带来启迪，引导人们应对日常生活中的紧张与混乱。我非常同意这一观点。艺术品彰显着特定历史时期的迷人魅力与多样轨迹。艺术品和生活空间（我们在此吃喝玩乐）一样，是我们所处世界的缩影。

237页图：
在这一位于马林县（就在旧金山之外）的住宅中，高大的山形天花板和纯白简约的基调，营造出宁静肃穆的氛围。两件引人注目的艺术品——伊夫·克莱因所设计的桌子、卡拉莫·伊内斯所创作的油画，为这一空间注入生机与活力

灯光设置

简·肖沃斯

你是否曾经留意如此场景：在柔和灯光的映照下，人们看上去是那样光彩照人？这是因为当光（包括清晨初升的太阳和傍晚下沉的夕阳）从正面照在人脸上时，会产生微妙动人的视觉效果。如此光照方式，可以避免在顶光映照下产生的昏暗阴影。

当然，在特定情况下，顶光可以发挥重要作用；但是一般而言，环境光可以产生更好的视觉效果。光从丝绸或亚麻布灯罩透射出来，会变得柔和；光从硬纸或金属灯罩投射出来，会变得刺眼。

多年以前，莎莉·麦克琳因其在电影《母女情深》中的精彩表演而荣获奥斯卡最佳女主角奖，同年她前往达拉斯领取美国电影节所颁发的大奖。彼时我作为电影节组委会的一员，有机会和她坐在一起畅快聊天。她看上去非常迷人，比电影中的老妇人形象至少年轻了15岁。出于好奇我向她请教：电影制作团队是如何让她变老的？她毫不犹豫地回答道："灯光！在好莱坞，顶光可以让所有演员变老。"接下来她继续说道："灯光如果照在我们的脸上，我们看上去至少可以年轻10岁。"

你是否曾经留意如此场景：在电影中，演员们（不论男女老少）的眼睛似乎在闪闪发亮？这是因为他们知道主光在哪里并在相应位置做了记号，这样当他们站在或坐在记号处时，主光就可以发挥威力了。

所谓主光，是指摄影师、灯光师、场景设计师在设置灯光时最主要用到的灯光。之所以设置主光，是为了凸显主体形象的形态和轮廓。

我常常告诉客户：他们在房中应该光彩照人，不然为何要大费周章请设计师进行室内设计呢？在室内设计中，我乐于运用两种方式——设置与视平线持平的灯光和巧妙添加互补色——以此让置身房中的客户看上去光彩照人、充满自信。

我常常建议客户在饭厅的餐具柜或食柜上设置台灯，每当此时，客户总会面露惊讶之色。在人们的惯有印象中，饭厅与枝形吊灯堪称标配，因此大多数人也就习惯于只在饭厅中安装一盏枝形吊灯。然而，枝形吊灯往往会产生刺眼灯光，除非它配有以织物或玻璃为材质的灯罩。设置台灯，不仅可以产生柔和灯光，也可以起到装饰作用。

在浴室的梳妆台和洗手台处设置与视线持平的灯光非常重要。在这一区域，人们不仅需要嵌入式顶灯来照亮空间，也需要台灯或壁灯来照亮脸部。

当然，嵌入式顶灯在特定情况下可以发挥重要作用：其一，照亮艺术品或装饰品；其二，照亮无法安装台灯或壁灯的黑暗区域。照亮艺术品或装饰品，不仅需要艺术眼光，也需要技术支撑。因此，我相信在创造或改造家居环境时聘请专业的灯光设计师非常必要。

在每把椅子旁边设置一盏落地灯；当然也可以在两把椅子之间设置一盏落地灯（在椅子旁边也应该设置一张桌子，供人们摆放饮料——没有灯光映照，没有桌子陪伴，只有一把孤零零的椅子，如此场景是每个室内设计师都应该避免的）。

无论面对何种室内环境，在设置与视平线持平的灯光时，安装镜子都是一种有效手段。因为镜子安装在墙上，可以成为这面墙上的窗户。此外，适当配置玻璃制品也可以为室内空间增添无与伦比的光照效果。有趣的玻璃制品组合在嵌入式顶光的映照下，可以反射柔和灯光，为人们增添光彩。

灯光的威力往往被人们所忽视。然而，灯光是设计师为客户创造美好宜居、彰显个性的家居环境时的一件秘密武器；灯光是一种妙不可言的设计元素：它不仅可以让环境散发魅力，也可以让主人光彩照人。

239页图：

这一饭厅中，摆放在餐具柜上的台灯（其灯光与视平线持平）和悬挂在餐桌上的法国枝形吊灯彼此呼应、交相辉映。餐桌中央摆放着产自意大利慕拉诺岛的玻璃器具，嵌入式灯具照亮了这一器具

左图：

在这一客厅中，长沙发后设置有巨型窗户，阳光从窗外投射进来，洒落在沙发上；长沙发旁配置有产自意大利慕拉诺岛的玻璃落地灯，灯光同样洒落在沙发上。古董镜子和玻璃五斗柜所反射的光可以映照到客厅中的黑暗角落

布艺织物

凯瑟琳·艾尔兰

长久以来，人们都低估了布艺织物在室内设计中所发挥的作用，这种错误的认识有待改正。事实上，布艺织物还在军事战争、宗教盛典、政治庆典中发挥着重要作用。

布艺织物随处可见、无处不在，原因在于它们可以隐藏瑕疵、突出重点、彰显美感。数百年来闻名于世的艺术大师米开朗琪罗也对布艺织物怀有敬畏之心——从他在《圣母像》大理石雕塑中所刻画的那些精微细致、层层叠叠的衣褶可见一斑。人们也许会说织物转瞬即逝，而其他材质则可以长久存在。然而，这种说法是片面的。

人们普遍认为，在耶稣诞生前5000多年，织布已经出现。面世之初，织布主要用于制作衣服、包裹食物、运送物资，但很快织布就有了其他用途。回望过去，从代表永生的轻薄都灵裹尸布到讲述故事的精致贝叶挂毯，从色彩鲜艳的印度莎丽服到造型灵动的非洲头巾，布艺织物在书写着人类历史、编织着灿烂文化。审视当下，新娘嫁衣、受洗服装、露营毯子、起义旗帜、降落伞绸、葬礼黑纱、逝者寿衣，布艺织物在叙说着一个个动人故事。

当我走进一所房子，我首先留意到的是布艺织物：墙上有什么覆盖物？窗户有什么装饰物？布帘是为了创造私密空间还是为了遮挡太阳抑或为了营造氛围？什么图案与材质和谐共处、友好互动？

如同美味的咖喱炖肉可以让人心情愉悦一样，优质的布艺织物也可以让房间弥漫着愉悦氛围。我乐于在同一空间设置颜色不同、材质各异的物件——它们看似彼此不搭，实则构成微妙的联系——以此让置身其中的人们感到舒适怡然、热情愉悦。在我的住宅中，我尝试对不同图案、不同织物进行自由搭配。我创办了自己的印刷店，这让我有机会进行各种图案设计与色彩实验。室内设计取得成功的关键在于合理安排不同颜色、不同图案、不同材质，在于和谐搭配家具、地毯、配饰、艺术品、布艺织物等物件。在室内设计中，恰到好处的组合搭配可以发挥神奇作用。

作为一个勇于打破旧习之人，我总乐于把各式布艺织物融入室内设计之中。尽管我知道在家居装饰领域有各种配色原则、搭配原则，但我并不甘于受到这些原则的限制。我希望打破常规、另辟蹊径，创造让人浮想联翩、惊喜连连的室内空间。在童年时期，我每次出国旅行都会带回各种纪念品，比如加纳挂毯、苏格兰格子呢、日本波纹绸、爱尔兰亚麻布等。看着满满一抽屉的旅行纪念品，我突然明白：旅行途中充满未知，正是这种未知带给人们无限惊喜。我喜欢在海滩上或沙漠中感受丝绒的质地，我喜欢在白雪皑皑的北方触摸丝绸的柔软，我喜欢在早餐厅看到印花棉布的图案，我喜欢在书房欣赏墙上薄棉布的色调。我的脑海中常常浮现各种不可思议的想法，我并不急于否定它们，而是仔细琢磨它们是否有可能成为现实。陈规之所以长久存在，是因为人们不断沿袭；人们应该勇于打破陈规、不断改革创新。

对我而言，布艺织物传达着时间、地点乃至神秘故事。它们的优美观感与迷人质感，总能把人的思绪带往远方。在室内设计中，我欣赏各种元素和谐搭配、层次丰富的状态，就像交响乐团各部和谐演奏一样。布艺织物是一种妙不可言的设计元素，它在形式上千姿百态，在内涵上丰富多样；它在热情中蕴含诗意，在轻浮中透出幽默，在温柔中隐藏平静。室内设计师虽然不是音乐家，但仍然可以通过各式布艺织物创造和谐美妙的交响乐，给观者带来心灵的震撼。

243页图：
这所空间广阔的房子位于加利福尼亚州奥海镇，于20世纪30年代由一所牛舍改造而来。在此，粉刷一新的白墙成为绝佳的背景，前景处各式布艺织物、图案花纹交错搭配，产生了让人炫目的视觉效果。枝形吊灯是设计师为这一房子所定制

书籍

罗斯·塔洛

在家中，我总是被书所重重包围。我的审美理念源自哪里？我的设计灵感源自何方？一切问题都可以在我珍藏的参考书中找到答案。这些书籍是我数十年来不断收集来的。对于设计师、建筑师、艺术家以及其他创意工作者而言，从书中汲取的海量信息为他们提供了源源不断的灵感，为他们提供了独特的观看之道。

幸运的是，时至今日，渴望获得灵感、得到指引的人们，轻而易举就可以查阅各种书籍。随着设计与建筑的持续发展与不断延伸，大量的设计知识与建筑知识应运而生。在时间的流逝中，建筑运动此起彼伏，家具设计不断创新。我们学习并借鉴阿尔瓦·阿尔托、拉兹洛·莫霍利-纳吉、勒·柯布西耶、威廉·莫里斯、弗兰克·劳埃德·赖特等设计大师的作品。如果没有书籍作为参考，我们就无法对过往历史有视觉上和深层次的了解与认识。书籍是我们不断增长知识、开阔视野、激发创意的基础。

在我需要书籍的时候，书籍总能给我灵感启发。除此之外，书籍还是绝佳的装饰品。如果一所房子里没有书籍的身影，它就缺少了书香气息与视觉魅力。在我的家中，书籍散发着自然美感、弥漫着宁静气息，这种美与宁静为我的日常生活增添了无限魅力。以下介绍一下我个人非常喜欢的书籍。

伊迪丝·华顿和小奥格登·科德曼于1897年出版的《房屋的装饰》（*The Decoration of Houses*），是关于室内设计的第一本书籍，展现了室内设计的发展史与简化史。

《当代巴黎偶像：安德莉·普特曼》（*Today's Parisian Icon, Andrée Putman*）不仅获得了同辈设计师的赞许，也获得了20世纪著名设计师如艾琳·格雷、马瑞阿诺·佛坦尼、让-米歇尔·弗兰克的认可。

马里奥·普拉茨于1981年出版的经典著作《室内设计历史图册》（*An Illustrated History of Interior Decoration*），不仅以图画的形式向我们

展现了室内设计的优秀作品，而且收录了从文艺复兴时期到20世纪的艺术作品。

"彩色的室内设计"（*Decoration in Color*）系列丛书摆放在我的书房中，书中以雅致的水彩画展现了优秀的现代室内设计。该系列丛书由一家德国公司出版于1927年——其中8册为德语本，其他几册为重印的英语本，如今它们已经绝版，因此非常珍贵。

珀西·麦霍伊德所著的《英国家具史：橡木时代、胡桃木时代、桃花心木时代、缎木时代》（*A History of English Furniture: The Age of Oak, the Age of Walnut, the Age of Mahogany, and the Age of Satinwood*），出版于1904—1908年。书中收录了多幅已经不再发行的图片，因此对家具设计师而言，它犹如一个素材宝库。这是我所收集的众多珍稀本之一。

亚瑟·斯特拉顿于1920年出版的四卷本《英国室内设计》（*The English Interior*），总能给我源源不断的灵感启发。这套丛书存世数量虽然不多，但有些书商仍然有门路可以找到。

上述书籍有些已经绝版，很难在市面寻觅其踪影。接下来我介绍几本如今仍然在印的书籍，比如威廉·肯特于2013年出版的《英国乔治王朝时代的设计》（*Designing Georgian Britain*）。此外，有关安德烈亚·帕拉第奥的设计书籍一直出版并不断再版。我总是推荐室内设计专业的学生阅读南希·米特福德所写的传记《太阳王》（*The Sun King*）、《庞巴度夫人》（*Madame de Pompadour*）、《腓特烈大帝》（*Frederick the Great*）。通过这些极具可读性的传记，学生可以了解法国宫廷的生活，领略法国宫廷的设计。

世界各地的书店相继倒闭、不断减少。当代设计师所著的设计图册与设计理论书籍，在未来的日子里是否还有机会被建筑与设计专业的学生所读到？照目前的情况看，图书馆很有可能在未来的某一天成为众人眼中的"古董"——记录历史、承载记忆的遗迹。也许这

245页图：

这一古老的环形楼梯，是设计师从巴黎的跳蚤市场中购得。在此，这一楼梯经过重新布置，在座椅之上盘旋延伸。阳光从天窗透射进来，照亮了抛光石膏墙；墙上巧妙设置了凹状壁柜，柜中摆满了主人的藏书

就是文明发展、社会进步的必经之路，为此我深感遗憾。与此同时，我感到我们这一代人有责任珍惜图书馆，并为下一代人保存图书馆（因为他们可能不像我们一样可以享用丰富多样的资源）。当下，人们对书籍已经习以为常，因为书籍是如此轻易获得；然而，书籍在未来将面临怎样的命运呢？

上图：
在此，设计师所收集的建筑书籍，随意摆放在木质架子上，架子旁边的窗户朝向户外的花园

右图：
这一住宅位于洛杉矶。在此，清晨和煦的阳光从三扇落地玻璃门透射进书房，桌子和椅子共同构成一方小天地，主人可以在此读书作画

追本溯源

托马斯·杰恩

"这是我奶奶给我留下的"，这句话让我既感到欣喜又心有戚戚。大概没有什么比家人的遗物更具有情感力量了。如果一所房子里没有主人的任何一件私人物品，这所房子即便非常华美，在我眼中也是没有灵魂的。

如果足够幸运的话，我会遇到一些继承了精美传家宝的客户。有一次，一位客户提及他奶奶给他留下了一幅毕加索的作品。如今，这幅作品挂于客户在纽约的书房中——在此书房中，墙壁覆盖有大花绿条纹布，沙发配有棕色丝绒软垫，为艺术作品提供了绝佳的背景。与之形成鲜明对比的是，我继承了我奶奶的一张谈不上难看却非常简陋的床，这张产自维多利亚时代的床有着笨拙的床头板和粗糙的刻花，在大部分有鉴赏力的人眼中，这张床并不入流。然而，在我拥有一张真正符合自身品位与需求的床以前，这张床一直为我所用。身为设计师的我，面对这张床时却往往束手无策，因为我不知把它放到哪里才最为合适；这些年里，我尝试了各种方案，比如把它和做工精美、色调浓烈的装饰品一起并置，让它成为很好的背景物。其中最成功的一个方案为：我把它放到我那弥漫着简约风格的纯白阁楼中，而后在床头的墙上涂上黄色方块。这些年与这张床的朝夕相处，让我明白了在室内设计中，"相貌平平"的家居用品往往最容易让人追忆往事、感怀过去。当然，理想的状态是，我们拥有既承载历史又展现美观的家居用品。

与之相对，我拥有另一张既充满回忆又设计精美的床：这是一张坐卧两用的床，产自1830年前后的法国，表面以果树木花纹为装饰，弥漫着新古典主义风格。我从克里斯蒂拍卖会上购得这张床，并把它放到我在新奥尔良的公寓中。拍卖会上，我遇到了老朋友兼导师阿尔伯特·哈德利——此次拍卖会上大部分拍品都来自他的长期客户简恩·格尔哈德——彼时他正准备对房子进行装修以迎接温莎公爵夫妇的到访。我至今记得他一边抚摩着这张床的床架，一边激动地说道："这是公爵曾经用过的床。"此前我已经打算竞拍这张床，了解到这张床的显赫历史后我更义无反顾地拍下了这张床。

"流传有序"可以增加一件物品的历史价值。一个典型的例子：在我的设计生涯中，我曾遇到一位客户，他拥有多幅马蒂斯的版画作品，其中有些曾被艺术大师安迪·沃霍尔所收藏；他还拥有一幅约翰·辛格·萨金特的油画作品，萨金特生前一直珍藏这幅作品。无论是马蒂斯的版画作品，还是萨金特的油画作品，都曾被名人收藏或流传有序，其历史价值不言而喻。

随着时间的流逝，我渐渐领悟到永远不要低估客户所拥有物品之价值。当我感到客户的物品与我所设计的房子格格不入时，我总会问客户这件物品对他们而言是否有什么特殊意义。在我设计生涯的早期，我曾遇到一位客户，她让我把一个装饰有印花棉布和金银饰带的旧式衣柜放到她的新家。最后，我对衣柜的装饰进行了简化——换上印花亚麻布和简约花边以配合衣柜本身朴素的气质——然后把衣柜放到了客户的新家。不久前，她特地感谢我对这一衣柜进行改装，让它恰到好处地融入新家，并告诉我这一衣柜是她父亲去世前为她母亲亲手打造的，因而对她而言意义非凡。

设计师应该谨记：客户的传家之物往往源于前辈为装饰家居所购买的物品。在我的设计生涯中，我曾为客户挑选、购买过成百上千件古董和装饰品，我相信将来某一天，客户会把其中一些珍贵物品传给他们的子孙。如此传家之物，值得后辈子孙珍惜与保留。

249页图：

在此，由艺术家毕加索创作于蓝色时期的肖像画（客户从母亲那里继承而来）和源自20世纪初期法国奥布松的精美地毯，让人们感受到20世纪初期的风情。一对造型优雅、比例协调的扶手椅和一张同样优雅协调的沙发配上肉桂色的丝绒软垫，软垫边缘装饰有金银丝缨穗

上图：

有时候，人们会由于家具所承载的历史
与情感而保留这件家具，比如设计师托
马斯·杰恩一直保留着他奶奶给他留下
的这张雕花大床。在这一位于阁楼的卧
室中，床头上方的黄色方块有效缓和了
大床所带来的不协调感

右图：

图中所示为设计师位于新奥尔良的公
寓。在这一公寓的客厅中，源自19世纪
晚期、描绘嘉年华演员的两幅德国木刻
版画挂在长椅上方，这两幅版画是温莎
公爵留下的艺术品。弥漫着装饰艺术风
格的台灯是身兼艺术鉴赏家和公司高管
的沃尔特·克莱斯勒留下的装饰物

手工艺品

布拉德·福特

如何赋予一所房子以灵魂？居住其中的人们固然可以赋予房子以灵魂；但除此之外，还有其他元素比如手工艺品可以发挥作用，赋予房子以妙不可言的品质、美感与个性，这些元素值得放置在房中的特定位置。手工艺品承载着手工艺人的动人故事：手工技艺的源远流长、手工艺人的辛勤劳作、手工艺人的创意设计。

坐在手工制作的椅子上——其木质椅脚经过特殊加工，其皮革软垫经由一针一针缝制——仿佛能感受到手工艺人的工匠精神与创造能量。人们也许会说这是一种精神的传递、能量的延续：手工艺人在制作过程中融入了如此精神与能量，因而最后的成品也保留了如此精神与能量。在物理学领域，能量既不能创造，也不能消灭，只能从一个物体转移到另一个物体。对于手工艺品的拥有者而言，随着岁月的流逝，他们在与手工艺品的亲密接触中发现更多细节、领略更多美感。一所房子里如果只有批量生产的物品，它就会显得死气沉沉；相比之下，一所房子里如果有精心制作的手工花瓶、桌椅或碗勺，它就会变得生机勃勃。手工艺品及其所承载的手工技艺之价值，无法以金钱来衡量。

一开始人们出于实际需求而制作物品（比如制作椅子用以歇息或制作瓶罐用以装水），渐渐地，人们越发注重物品的装饰趣味，至此物品的审美价值得以显现。抚摩手工艺品比如家具、陶瓷、金属器具、玻璃制品、布艺织物，人们可以感受到其个性与气质。

自然材料——比如木头、黏土、皮革、羊毛或植物纤维——在制作手工艺品的过程中发挥着重要作用。自然给予我的设计以无限灵感，这也许与我从小生活在群山环绕、森林繁茂、湖泊密布的阿肯色州有一定关系。手工艺品的朴素质感，让人感觉熟悉、亲切、温暖、舒服。当手工艺品置于房中时，这所房子同样让人产生如此感觉。人们对自然无比依恋，因而对自

右图：
在这一位于曼哈顿的公寓中，有一对复古旋转椅、一张由弗拉德·卡甘设计的曲状沙发、一张由迈克尔·科菲设计的榫卯结构的桌子、一对由安德烈·索内设计的复古壁柜，一切都体现出手工艺术的美感与匠心

上图：

在这一住宅中，起伏的地毯上，摆放着一件由杰夫·齐默尔曼创作的雕塑（垂直发光，如同"藤蔓"）、一张造型别致的复古沙发、一张由卡根设计的搁脚凳、一把由温德尔·卡斯特设计的Y字形椅子

然有机材料也有着特殊偏爱。缺乏绿化的大城市，尤为需要自然材料的"进驻"：自然材料把我们重重包围，给我们带来舒适感与安全感，由此缩短人造环境与自然环境之间的距离。

我始终坚持把手工艺品融入室内设计中，这是一种个性化的选择。我总是被手工艺品所深深吸引。在我还是孩童的时候，我已经遍览百科全书，了解手工艺品的制作方法；待我稍大的时候，我的父亲把我家后院的谷仓改造成木工作坊，他在这里打造各种物品，比如挂钟和家具。父亲在做木工时，我会在旁边看着他，

无论是工具的运作还是木屑的味道，无论是制作的过程还是最后的成品，都让我深深着迷。我一边看着父亲做木工，一边感受着父亲把时间、技艺与匠心融入手工艺品中。随着岁月的流逝，父亲技艺渐进、自信渐长，他所制作的手工艺品也更为复杂、更为细致，这些手工艺品体现了真正的工匠精神。

然而，赏析手工艺品是一种非常主观的体验。面对同一件手工艺品，有的人会产生共鸣，有的人则无动于衷。对我而言，无论是家具设计师沃顿·艾舍里克、萨姆·马鲁夫、中

岛乔治、温德尔·卡斯特，还是陶瓷艺术家伊娃·蔡塞尔、贡纳·奈兰、露西理惠，都在不同领域开创了自己的一片天地——他们运用精湛技艺创造出实用美观、优质耐用的手工艺品，如此手工艺品堪称艺术品。

然而，可惜的是，比起艺术品，手工艺品——即便是那些传达着特殊意义的手工艺品——往往为人们所忽视。在人们眼中，手工艺品不如真正的艺术品那样正式、那样精致。然而，鉴于手工艺品对细节的关注、对精湛技艺的运用、对工匠精神的传承，在我心中手工艺品无异于艺术品。如果人们可以转变对手工艺品的看法，那么他们在营造家居环境时就会有新的视野；如果人们不再局限于以艺术品来彰显自身个性与独特性，那么无论艺术品还是手工艺品都有机会成为装饰美好家居的有力法宝。

和批量生产的产品不同，手工艺品承载着手工艺人独一无二的创造，其中不乏瑕疵、粗糙与质朴，如此"残缺之美"是室内设计所不可或缺的。由手工艺人亲手制作的手工艺品，体现着工匠精神与朴素之美；随着时间的流逝，岁月在其身上留下道道印痕，为手工艺品增添了别样魅力与无限韵味。

点石成金

格伦·吉斯勒

炼金术师——与伟大的艺术家和手工艺人一起——存在于各大文明中，他们期望把普通金属冶炼成金。同样地，优秀的设计师也期望把各种元素共冶一炉，以此创造美好的室内设计。

在室内设计中，我最为钟情的元素包括艺术品与手工艺品。

当设计师把艺术品与手工艺品——珍贵或平凡、华美或简约——巧妙融入室内空间时，往往可以产生神奇美妙的视觉效果。艺术品如同催化剂一般，当其置于室内空间时，可以催生微妙的变化，最终帮助设计师完成优质的室内设计。

对设计师而言，在室内空间中合理布置与巧妙搭配艺术品至关重要。设计师可以自由摆放艺术品，并不断做出调整，以此创造新鲜的视觉效果和让人愉悦的室内氛围。当艺术品摆放在恰到好处的位置上并与周围物品友好互动时，艺术品就可以发挥神奇效用了。设计师凭借艺术鉴赏力对艺术品进行组合搭配；在视觉效果上，组合的艺术品要优于单一的艺术品。

我常常协助客户购买艺术品——有时候这些艺术品会成为客户的收藏品，在此过程中，我会向客户强调购买不同价值、不同层次、不同种类的艺术品与手工艺品的重要性。我鼓励客户购买他们财力所能及的最优质的艺术品，但与此同时，我也鼓励客户购买其他不同价值、不同层次、不同种类的艺术品。唯有如此，当这些艺术品置于同一空间时，才可以形成差异、构成对比、产生趣味。

室内设计的品质很难通过数量或金钱来衡量。透过艺术品与手工艺品，人们可以深情回望往昔的某段时光。它们是否"原创"并不重要，哪怕是现代人仿照罗马雕塑制作而成的一件石膏雕像，只要它是美的雕像，它就能带给人视觉的享受与艺术的熏陶。

艺术品与手工艺品唯有经过设计师的合理布置与巧妙搭配，才能为室内空间增添魅力与光彩。最理想的状态是，设计师通过合理布置与巧妙搭配艺术品与手工艺品，使其自然而然、不着痕迹地融入室内空间，最终成为美好家居生活的一个背景。设计师应该学会在室内空间中合理配置各种资源、巧妙搭配各式物件（包括艺术品与手工艺品），这一环节花费不大，但从长远来看，却可以让客户获益匪浅。这大概就是人们常言的"额外福利"：艺术品可以带来增值。身为中产阶级的客户往往乐于把收入的一大部分用于购买艺术品与手工艺品，因为他们把家居环境视为自身审美格调甚至精神品质的一种体现。

设计师在布置与搭配艺术品的过程中，发现源自不同时期、不同地点的艺术品在视觉上的联系非常重要。才华横溢的摄影师可以发现不同事物之间的微妙联系，这种联系是常人所难以察觉的。比如在理查德·阿威顿所拍摄的黑白照片《多维玛与大象》正中央那一条自然弯曲的白色绸带与壁炉架上那曲状高身白花瓶之间的联系。有时候，相似与不同之间隐藏着微妙的联系，比如弥漫着摄政时期艺术风格的镀金凳子，虽然在线条上极其简约，却可以和卡洛·斯卡帕所设计的现代风格的镀金花瓶和谐搭配。尽管我有时会把自己的审美理念传递给客户，但我总是以开放胸怀接受客户所选择的艺术品，无论它是包豪斯设计作品，还是巴洛克风格作品。不同时期、不同风格的艺术品蕴含着不同的美感，散发着不同的魅力，但值得注意的是：设计师要对艺术品进行合理取舍与巧妙搭配，否则会造成混乱局面。

每个人都渴望居住在赏心悦目、舒适怡然的房子中，在此，人们可以尽情发掘生活的深度和广度。置于房中的艺术品与手工艺品，可以让客人驻足停留、细细欣赏，也可以让主人

257页图：
在这一位于布鲁克林高地的饭厅中，一系列艺术品与手工艺品——包括理查德·阿威顿的标志性摄影作品《多维玛》、原始朴素的陶瓷、源自非洲的面具——为这一空间增添了美妙的艺术气息

改变视角、重新审视。此时，主人会发现物与
物之间的微妙联系渐次显现，室内空间的丰富
层次别具魅力；此时，设计师的"炼金术"宣
告成功，美好的室内设计呈现眼前。

左图：
在这一位于曼哈顿上西区的公寓中，
客厅与饭厅之间的区域摆放着由弗兰
克·盖里设计的皱褶椅，让人联想到
丹麦红木独腿桌的曲状设计。由艾尔
维·凡·德·司特拉顿设计的台灯和由
古格里莫·乌尔里希设计的意大利复古
扶手椅，与源自20世纪澳大利亚的椅子
互相呼应

艺术

布莱恩·麦卡锡

多年以前，我曾参与一个设计项目，对位于加利福尼亚州的一所房子进行室内设计，这所房子彰显了大卫·阿德勒的建筑风格——融合古典主义与 20 世纪 30 年代的设计风格。在这所房子里，有一条长长的中央通道和一座以书房为中心轴的旋转楼梯，我希望在楼梯下方添置一种设计元素，使其成为这一空间的视觉焦点。一开始我把一张源自 18 世纪意大利的桌子放到楼梯下方，然而这一桌子不仅占据了空间，而且还与周围环境格格不入。在此情况下，客户（客户热衷收藏现代与当代艺术品）建议我把桌子换为由艺术家杰夫·昆斯所创作的不锈钢雕塑——这一雕塑以蛋为造型，重约 1800 千克——如此一来，视觉效果焕然一新。这一制作巧妙的超现实雕塑与周围的传统物件构成美妙的磁场，不仅与客户的艺术收藏彼此呼应，也吸引着人们把目光聚焦到这一区域。由此可见，艺术品在室内设计中可以发挥奇妙作用。

很早以前，许多富有远见的设计师就把室内设计视作一门综合学科，它把艺术、建筑、装饰融为一体，具有独立的审美价值。比如，让·米歇尔·弗兰克为纳尔逊·洛克菲勒所设计的住宅（位于纽约第五大道），这一住宅把华莱士·k.哈里斯的建筑、迭戈·贾科梅蒂和克里斯汀·贝拉尔的装饰以及洛克菲勒本人的丰富艺术藏品共冶一炉。在 20 世纪六七十年代，艺术与室内设计开始各司其职、默契配合——一般而言，室内设计完成之时，艺术品总会恰如其分地在室内空间中占据一席之地。如前所述，我曾以雕塑作为家居装饰，最后呈现的效果极佳。由此可见，如果设计师把艺术看作与家具、饰物、布艺一样的设计元素——这些元素可以在室内设计中发挥重要作用——最后他们可能会收获意想不到的好效果。幸运的是，我的很多客户都是知识渊博的收藏家，对他们而言，艺术是生活的重要组成部分。客户乐于运用颜色不同、材质各异、大小不同、图案丰

富的艺术品来装饰家居环境，这一现象对当代设计产生了深远影响，使当代设计在回顾过去的同时更好地迎接未来。

事实上，寻常的设计方案所无法解决的难题，设计师借助艺术品往往可以解决。一个典型的例子是，我曾为佛罗里达的一所房子进行室内设计。房中的客厅占地 12 平方米，天花板高 8 米，如此"庞然大物"让人望而生畏。我一直在思考如何通过家具与装饰来改变客厅比例，使其更"平易近人"。房子的主人曾购入一幅毕加索的立体主义作品，我们计划把这幅作品放置在壁炉上方。这幅作品让我想起了艺术史中关于立体主义的叙述：立体派从非洲部落艺术中汲取灵感。为了在墙上打造二维屏幕效果，我以非洲库巴族的布艺（这一布艺与毕加索的立体主义作品形成某种呼应）为原料进行布置。最后完工之时，这一客厅弥漫着异域风情与舒适氛围，让人们置身其中感到轻松愉悦。

我的很多客户都热衷于与艺术家直接合作，这种合作让客户的家居环境更具活力也更具个性。我欣赏多位艺术家，并与其中一些保持长期合作，比如菲利普·安东尼奥斯、路易斯·凯恩、圣克莱尔·切明、帕特里斯·当热尔、米里亚姆·艾尔纳、克劳德·拉兰内、海琳·德·圣莱格尔、比尔·沙利文。他们中有家具设计师、灯光设计师、雕塑家等，和他们合作总是让我获益良多。为了创造美好宜居的生活环境，艺术、建筑、设计可以打破界限、通力合作。艺术家、建筑师、设计师、客户良性互动、互相影响，由此赋予室内设计以更丰富的审美内涵，推动室内设计往个性化、多元化方向发展。

把艺术品融入室内设计可以带来多种积极影响。比如，有些客户非常崇尚传统，如果在他们的住宅中融入当代艺术品，就可以为住宅注入生气与活力。坦白而言，我随时准备着把艺术品搬进不同客户的家中。常常有客户向我

261页图：
在这一位于佛罗里达的住宅中，以威尼斯石膏为材质的乳白色墙——从非洲库巴族的布艺织物中获得灵感——为阿道夫·戈特利布和海伦·弗兰肯特尔所创作的艺术作品提供了绝佳的背景。尚·罗耶勒所设计的咖啡桌表面覆盖有石灰华。一对弥漫着现代风格的台灯（客户自己所有）以黄铜和褐珐琅制作而成，表面装饰有波纹和条纹

取经该如何购买艺术品，每当此时，我总会告诉他们：不要局限于美术史中对艺术品的一般概述，而应该细心探究每件艺术品的独特之处。把艺术品融入室内设计的过程中，我以好奇的眼光去一遍遍观看艺术品，而不轻易做出判断，这让我得以以开放心态欣赏所有的艺术品——不同时期、不同风格、不同类型的艺术品以及不符合我审美品位的艺术品。我的一位客户喜欢收集与运动相关的艺术品，尽管我在日常生活中极少接触这类艺术品，但看到客户通过收集这些艺术品提高了鉴赏力、提升了生活质量，我由衷地感到高兴。此前这位客户总是调侃我"品位不高"，但当他到访我家，看到我家中的那些艺术品之后，他一方面惊叹于艺术品对空间的神奇改造，一方面理解了我的审美品位：他和我的审美品位虽然不同，但我们都对艺术品有无限热爱。

艺术在收藏、设计、生活领域都扮演着重要角色、发挥着神奇作用。认识到这一点后，我们可以学着以开放心态去看待艺术，去欣赏那些曾经不符合我们审美品位的艺术品。

左图：
在这一位于纽约长岛的客厅中，一幅由索菲·冯·海勒曼创作的油画《请不要忘了给侍者付小费》挂于沙发上方，老式画架上摆放着由约什·史密斯创作的油画《无题，2009》。客厅中以浅蓝色和乳白色为基调，与油画的色调彼此呼应

263

购置家居饰品

埃米莉·萨莫斯

我推崇简约设计。我信奉现代主义理念"少即是多"，这一理念运用到室内设计中，即是化繁为简、去除雕饰，在精心挑选的家具与装饰艺术品周围留出更多空间；最终，每一物品都与周围空间和谐共振，由此达到某种平衡与宁静。因此，简约设计要求设计师合理取舍、巧妙布置。

作为修读美术专业的学生，拼贴是我最喜欢的艺术形式。时至今日，拼贴艺术依然影响着我的室内设计。我把房子里的不同房间想象成拼贴的不同块面：每一块面都发挥着各自的作用，这不仅包括其实用功能，也包括其在形状、大小、色调、质感上所形成的对比与互动，由此所营造的微妙的整体氛围。

出于对拼贴艺术的浓厚兴趣，我深入研究其起源由来与发展历史，在此过程中对20世纪与21世纪顶尖的艺术家与设计师有所了解。显然，在创造兼具实用性与美观性的设计作品时，设计师的创造力是无穷无尽的。

自互联网兴起以来，选购家具与装饰艺术品的方式越来越多元化。然而，在我选购家具与装饰艺术品之前，我总会查阅和参考与设计、艺术、建筑相关的书籍；在我开展新的设计项目时，我在书房中所储藏的书籍总能为我提供源源不断的灵感。

在互联网兴起以前，设计师选购家具的方式包括翻阅家具制造商的产品目录、亲临当地古董商店、参观达拉斯装饰中心的展示厅。作为包豪斯设计的追随者，我尤为钟爱诺尔产品目录和赫曼米勒产品目录。

旅行为我提供了选购家具的绝佳机会与更多可能。参观博物馆、老式宅第、跳蚤市场、古董商店和设计事务所，是我在旅行途中的保留节目。维也纳、格拉斯哥、伦敦、纽约、巴黎之行，让我对世界上极具艺术鉴赏力的装饰艺术商人有所了解。对于设计专业的学生而言，巴黎左岸的古董商店是培养艺术鉴赏力的绝佳场所。亲临现场用手抚摩家具（如让·米歇尔·弗兰克所设计的镶嵌式纤维屏风、让·杜南所设计的蛋壳状马赛克桌子），如此感受体验是网上搜索或浏览目录所无法提供的。旅行途中的寻宝活动让我深深着迷。有一次，我在纽约的一家昏暗地下商店里发现了贝尔纳·朗西亚克于1966年所设计的"大象"椅子原物，为此我兴奋不已。

伴随博览会与展览会的不断涌现，当下的室内设计师可以在短短一周内与多位家具制造商交谈洽商。每年一度的现代主义展览会成为我的必去之地，相似的展览会在美国各大城市相继涌现。在加利福尼亚沙漠举办的"棕榈泉现代主义展览会"每年都会吸引超过10万人参观，"迈阿密设计展"成为南佛罗里达不断发展壮大的艺术博览会之一，这表明具有艺术鉴赏力的收藏家希望购置与其艺术收藏相匹配的家具与装饰艺术品。

在纽约举办的"纽约国际当代家具展"同样非常引人注目。每年5月如约而至的"纽约国际当代家具展"，汇聚了当代最为新潮的设计、最为先进的技术与最具创意的设计师。在"2005年纽约国际当代家具展"上，我被杰伦·维尔霍文设计的桌子所深深吸引：维尔霍文通过对夹板的反复切割、不断分层，最终把粗陋的工业材料转变成精致的弥漫着18世纪艺术风格的家具。时至今日，这一桌子成为纽约现代艺术博物馆、维多利亚和阿尔伯特博物馆和法国蓬皮杜中心的永久藏品。我至今懊恼为何当时我没有把这一桌子"收入囊中"。

如今，技术成为人们购物消费的得力助手。网上商城为设计师参与全球竞拍与搜罗全球好物提供了前所未有的便捷。全球大型拍卖行如苏富比和佳士得都增加了设计作品的拍卖，这表明家具与装饰艺术品越来越受到收藏家的青睐。伴随艺术与设计之间的界限不断模糊，很多拍卖行如菲利普斯都把艺术作品与设计作品

265页图：
这一顶层公寓位于达拉斯。公寓的客厅中，挂着一幅由彼得·兰宁创作的油画《蓝色圆角》。由T.H.罗布斯茹安-吉宾斯设计的"克里斯莫斯"椅上装饰有浅蓝紫色的软垫，如此色调与油画的色调彼此呼应；沙发、抱枕、地毯的暖色调则与油画的色调形成对比

合为一类：如今，艺术家唐纳德·贾德所创作的雕塑与贾德所设计的边桌往往出现在同一拍卖场。

尽管选购设计作品的方式多种多样，但设计师仍然需要合理选择与巧妙搭配设计作品，以此创造美好优质的室内空间。正由于此，我始终信奉20世纪设计师约翰·迪金森所持有的设计理念：当一所房子增一物则过繁、减一物则过简时，这所房子的室内设计即宣告完成。

左图：
这一空间广阔的住宅位于达拉斯。在此，花园美景与室内景观彼此呼应、交相辉映；产自瑞典的地毯奠定了这一空间的基调；一对由约瑟夫·霍夫曼设计的皮革扶手椅与两张由雅克·阿德内特设计的覆盖有皮革的白色边桌和谐搭配

颜色

马里诺·布亚塔

每种颜色都具有潜在的美感，只要人们对颜色进行合理配置与巧妙搭配。多年来，我在室内设计中运用了五彩缤纷的颜色，由此营造出丰富多样的氛围与异彩纷呈的格调。对我而言，颜色可以表达快乐、传递喜悦。

在成长的过程中，让我印象最为深刻的是我父母家中的每一个房间都涂成至淡至纯的白色。客厅在白色之外蕴含着一抹粉红色，饭厅在白色之中夹杂着几片棕褐色。我的卧室在白色之外点缀着蓝色，还装饰有一张弥漫着蒙德里安风格、融合了棕色和乳白色的地毯，如此色彩格局直到我 16 岁生日时才有所改变：父母允许我随自己喜好自由装饰卧室。彼时正处于叛逆期的我，把卧室大胆改造成一个"仓库"：墙壁涂成黑棕色，天花板涂成乳白色，衣柜涂成樱桃红色。涂漆工看着我的卧室，对我母亲说道："这房间看上去就像一个仓库。"母亲同意涂漆工的说法，但依然任我自由发挥。

除此之外，我还给卧室铺上森林绿地毯，添置灯具、装饰品、枫木家具和美国古玩。在我 20 岁出头的时候，我已经把淘到的"宝物"都堆满了父母家中的阁楼和地下室。后来，我不得不在纽约城另外购置一所公寓以摆放我的"宝物"，在这所公寓里，我尝试以不同颜色与不同图案的组合进行搭配。

回望过去，我父母所推崇的装饰艺术风格并不符合我的审美品位。父母家中的粉白色客厅里，有一张切斯特菲尔德沙发，这张沙发以黄绿色的丝绸和马海毛丝绒为材质，装饰有棕褐色的丝绸花边，沙发两端还设置有深棕色的绸缎靠枕。在赭色的丝绒地毯上，摆放着配有棕色和棕褐色软垫的椅子。装饰有金箔的织物窗帘，从可以反光的钢杆上垂落下来。

我记得在我 10 岁时，我曾到莉莉阿姨家中做客。当我步入她家厨房，看到蓝色、白色、黄色的和谐搭配时，我不禁发出赞叹。我问母亲为何我家不能运用如此颜色搭配，母亲低声

答道："这种颜色搭配太偏向爱尔兰风格了。"

是否偏向爱尔兰风格，我不确定；但我在刚刚完成的两所公寓的室内设计中，运用了蓝色、白色、黄色的搭配。

后来，我随帕森斯设计学院团队前往巴黎学习设计，受到斯坦利·巴罗斯教授的指导，这是我设计生涯的一个重要转折点。我记得 1961 年我们前往现代艺术博物馆参观后印象主义展厅时，巴罗斯教授言辞激昂地对我们说：如果我们无法理解亨利·马蒂斯、皮埃尔·博纳尔、爱德华·维亚尔对色彩的精妙运用，我们就无法成为优秀的设计师。

我很庆幸自己听从了巴罗斯教授的教导，他改变了我今后在室内设计中的用色理念与配色方法。我至今难忘巴罗斯教授给我们上的重要一课，在此后数十年间，推崇"色域绘画"的画家如马克·罗斯科、巴内特·纽曼和其他多位艺术家以丰富多样的方式，推动着色彩运用的创新与变革。

我的第一所公寓里，客厅与卧室垂直交会，呈 L 形结构。我把客厅与卧室天花板以下的部分都涂成深紫色，给窗户配上以英国印花棉布为材质的四色窗帘（包括香蕉黄色、银箔纸色、淡黄绿色和淡蓝色）。由于厨房没有窗户，我就把厨房墙壁涂成白色，把厨房天花板涂成淡蓝色，以此把"蓝天白云"融入厨房中。我把浴室涂成深蓝色，并装上蓝白色、带斑马纹的浴帘和配上香橼色的土耳其毛巾。如此一来，我的公寓处处弥漫着自然的颜色与气息。

在室内设计中，颜色是营造氛围的重要手段，因此设计师在颜色运用上需要周密考虑。我总是建议客户把通道涂成自然的颜色，比如代表天空的淡蓝色、代表山林的绿色、代表海滩的棕褐色、代表阳光的黄色。在城市的住宅中运用自然的颜色，往往可以产生美妙的视觉效果；与之相对，在乡村的屋舍中运用中性色比如灰色或棕色，则可以与花园的明亮色调形

269页图：
这一色彩缤纷、气氛热烈的公寓位于曼哈顿，主人是一位金融家。在此，呈桶状的青灰色天花板装饰有印花棉布、箔叶图案与几何图案

成对比互补。

　　注意在设计不同的房间时要运用不同的颜色（颜色不可重复），并保证不同颜色之间的和谐搭配及其与整体环境的友好互动。比如把书房、客厅、休息室、家庭活动室涂成如棕色、红色或森林绿色的深色，以此营造舒适怡然的氛围。注意根据不同房间的功能与特质，选用相应的自然的颜色——从中性色调到浓烈色调。

　　我所见过的颜色或色调中没有我不喜欢的。有时候，我觉得自己天生对颜色有着敏锐感知与特殊依恋，我似乎总在探寻下一抹让人心动的色彩。所幸善于周密思考与汲取灵感的室内设计师，总乐于沉浸在五彩缤纷的世界中，于是他们总可以发现那抹让人心动的色彩。

左图：
这一公寓曾经是美国著名设计师茜斯特·帕里斯的住宅。在此，橙红色、朱砂红色、淡蓝色与猎豹图案，共同构成了让人意想不到的视觉效果，为这一空间增添了异域情调。墙壁边缘涂成银箔纸色，与周围跳跃的暖色调形成鲜明对比

灰色

劳拉·波恩

在室内设计领域，灰色与其他颜色一样，时而流行、时而落伍。然而，自我开启设计生涯以来，灰色——对我而言，灰色是一种似有若无的颜色，可以以多种形式出现——一直是我最为喜欢、最为常用的颜色。在我眼中，灰色代表着永恒的经典、永远的时尚。

我对灰色的这种执着偏爱源于我的童年经历。成长于战后得克萨斯州的我，有一位追逐时尚的母亲，她会给我家客厅铺上深灰色地毯、配上粉红色沙发——如此颜色搭配让休斯敦郊区的许多居民大为惊讶。数年以后，我在巴黎打造迪奥的高级定制时装屋时，遇到了两件让我兴奋不已的事情：我受到迪奥品牌设计师马克·博昂的采访；我亲眼看到蒙田大道沙龙那举世闻名的以白色和淡灰色为基调的时尚设计。人们所熟知的"迪奥灰"，实际上是一种名为"Gris Trianon"的如珍珠般的颜色，这一名字源于18世纪凡尔赛的精致小庄园（彼时这样的小庄园在凡尔赛非常普遍）。出于对这一灰色的迷恋，后来迪奥品牌设计师把其运用到设计领域。

直到20世纪70年代，我入读普瑞特艺术学院接受专业训练，我的导师是传奇设计师乔·杜尔索，他以其标志性的高科技室内设计而著称。在他所设计的非彩色系室内空间中，设置有白色的光滑墙壁、黑色的皮革家具、深灰色的地毯以及暗灰色的工业设备，这让我们了解到设计大师是如何把自己钟爱的非彩色系发挥到极致的。不过最为重要的是，在乔·杜尔索的严格教导下，我学会了如何以整体的视角去看待颜色：把颜色视作室内设计不可或缺的元素而非只是装饰元素。

乔·杜尔索教导我在每一设计项目中思考关于空间的基本问题：如何创造空间？如何把握空间？如何布置空间？如何拓展空间？如何缩减空间？如何优化空间？如何"驯服"空间使其体现我们的意愿？显然，颜色是解决上述问题的重要法宝与有效手段。与此同时，我也

留意到在解决上述问题时，灰色也可以发挥神奇作用。和其他更为明亮的颜色不同，灰色永远不会显得喧闹激烈、咄咄逼人。无论是淡灰色、浅灰色，还是深灰色、暗灰色，灰色永远是那样温婉恬静、轻声细语。即便是容易让人联想到战舰的蓝灰色（战舰常涂成蓝灰色），同样给人宁静怡然而非争斗好胜之感。即便是势不可当、席卷而来的暴风云，其颜色同样给人柔和深邃之感。

学生时代的我开始前往工地现场考察，当我看到现场尚未完工、露出石膏夹板的墙壁时，我瞬间领悟到了灰色那平和温顺的"性格"。即便贴上了胶带和涂上了墙粉，墙壁依然隐隐显露出灰色——这一灰色和谐地融入背景之中，几乎难以察觉；然而，它又兀自散发着魅力，营造出微妙的视觉效果，这是工程完工之时墙壁最终呈现的颜色所无可比拟的。事实上，不仅在工地现场，而且在乔·杜尔索所设计的高科技室内空间中，我们都可以感受到灰色的静默力量——那灰色的、粗糙的混凝土墙面和地面给人带来的安详与宁静。

在我开启自己的设计生涯之时，室内设计的流行色为白色。尽管我在室内设计中也运用白色和其他颜色，但我总会把灰色作为室内空间的主色调。在我看来，灰色之于室内设计，就像阴影之于建筑。日光（无论灿烂还是微弱）洒落建筑表面或建筑空间所留下的阴影，成为建筑不可或缺的一部分。建筑上出现阴影是一种自然现象；当阴影落在建筑上时，建筑显得层次鲜明，因而能引人注目；当阴影隐藏起来时，建筑显得平淡无奇，因而会乏善可陈。

在我看来，灰色和阴影一样，本身往往不会引人注意；但灰色的迷人之处在于：它可以既低调又有存在感。如果人们喜欢鲜明炫目的颜色，可以欣欣然把室内墙面涂成深红色，如此现象在室内设计领域非常普遍。但是，这并非我所感兴趣的室内设计。我希望让置身其中

273页图：
在这一休息室中，宣伟涂料公司出品的"宁静灰"在聚光灯下体现出明快的格调，与线条分明的建筑构件和戈登·帕克斯的黑白摄影作品形成互补。不光滑的地板瓷砖和一对托洛梅奥品牌出品的电镀铝壁灯，营造出简约明朗的氛围

的人们可以充分感受整体氛围——在精心布置、舒适简约的空间中，欣赏家具与艺术品的和谐并置，而非仅仅关注墙面那引人注目的颜色。

不同设计师出于不同的考虑而选用白色，但是我感觉纯用白色过于朴素寡淡——就像明晃晃的阳光照射过来却没有留下阴影一样。与之相对，灰色仿佛奇妙的变色龙一般，无论处于何种环境中，都可以迅速改变自身颜色的纯度与明度，以便与周围环境融为一体。在亮光的映照下，有些灰色可以变成纯白色；在暗光的映照下，有些灰色可以变成黑色。事实上，光照对灰色影响极大，既可以使其变成冷色（比如蓝色、绿色、紫色），又可以使其变成暖色（比如橙色、黄色、红色）。鉴于此，设计师在运用灰色时，需要检测不同灰色在不同灯光下所呈现的色调。经过无数次的检测，我终于发现了自己喜欢的几种灰色。如今，在进行室内设计时，我可以凭直觉准确判断何种灰色适合用在何处。我和时尚品牌迪奥一样在探寻着同样的灰色——那种为美好优质生活提供绝佳背景的灰色。

左图：
在这一客厅中，墙上涂有宣伟涂料公司出品的"多利安灰"；在变幻灯光的映照下，这一灰色更富生气，为安东尼·奥姆拉多所创作的油画提供了极佳背景。油画的微妙色调与抛光混凝土地板、棕色马海毛软垫、灰褐色皮革软垫、带有织纹的抱枕和谐并置、彼此呼应

白色

达瑞尔·卡特

好的室内设计有哪些构成元素，不同的人有不同的看法；所谓"情人眼里出西施"，或曰"主人眼里出好房"。对我而言，好的室内设计应该呈现如此状态：各种元素和谐共处，不同物件融为一体。因此，我对中性色有着特殊偏好。中性色可以营造宁静氛围，可以作为理想背景，更好地凸显室内空间的各种元素。在进行室内设计时，我尤为关注人的行为活动、生活方式与艺术收藏——这一切都存在于室内空间之中。在我看来，白色可以作为绝佳的背景色，以此凸显人的行为活动、生活方式与艺术收藏。把深浅不一、明暗不同的白色融入室内设计中，有助于创造美好优质的家居环境。

作为艺术爱好者，我自然乐于创造可以凸显艺术之美的空间。大部分美术馆的墙壁都涂成白色，大概也是出于同样的考虑。客户常常问我是否可以运用彩色，我的回答为：当然可以，只要客户喜欢，只要环境允许。我喜欢通过添置油画作品或古董地毯来为室内空间增添色彩。我常常会把古董地毯的背面朝上，如此一来，地毯的颜色会变得柔和，地毯也不至于过分引人注目。一般而言，如果我要在室内空间中运用白色以外的彩色，我会选用最浅淡的彩色（比如我会选用淡蓝色），并努力使其与白色有某种呼应。我不会让作为背景的墙壁之颜色过于缤纷炫目，因为我希望凸显的是前景处的艺术品。

我喜欢把大型油画、大型古董单独挂于墙上，因为白色的墙壁可以成为绝佳的背景，更好地衬托出这些艺术品的美感与魅力。位于特殊节点上的艺术品——比如位于通道尽头、置于白色背景下的胡桃木古董或乌木古董——可以自然地吸引人们的关注。如此经过合理安排的空间节点，正如经过合理安排的句子标点一样，可以起到凸显部分的作用。白色虽然是一种内涵丰富的颜色，但在设计简约的室内空间中，白色往往显得冷淡无情，因此人们需要谨

右图：

在此，白色的建筑材料与深棕色的栏杆和台阶"联手合作"，更加凸显了旋转楼梯的动感与活力。古董地毯背面朝上，呈现出柔和色调，让人们把目光更多地聚焦到旋转楼梯上

慎运用。不仅白色的运用，其他颜色的运用也需要深思熟虑。当我的团队成员把他们选好的颜色供我检阅时，我往往会评价说这种粉红色太艳、这种绿色太浓、这种黄色太鲜，而后我会着手选择其他的颜色。

我对各种浅淡色调尤其是白色有着敏锐感知。在选择布艺织物时，为了使其和谐融入室内空间中，人们需要特别注意布艺织物的色调。人们普遍认为白色与中性色"天生绝配"，事实上，白色与中性色之间更难达到默契配合，所谓"同性相斥"大抵如是。在此情况下，布艺织物扮演着重要角色：不同材质、不同图案的布艺织物即便颜色相近，也可以形成对比、产生差异。

通过选用白色或中性色的亚麻布、丝绒、法兰绒、皮革、绒面革的布艺织物，可以产生不同的观感与质感，如此一来，白色与中性色达到默契配合。在室内空间中，如果整体色调足够简约、足够统一，放眼望去，人们首先会欣赏到和谐的景观——在此，各种元素和谐共处、融为一体，而后会关注到个别的元素，无论室内空间元素多么丰富、层次多么鲜明，人们总会留意到既独立存在又融入整体的不同元素。

人们在选择以白色作为室内空间的主要基调，并把深浅不一、明暗不同的白色融入其中时，需要注意对不同材质、不同图案的物件进行合理配置、巧妙搭配，使各种元素和谐并置、融为一体，最终营造出宁静安详的整体氛围。

右图：
在这一位于华盛顿哥伦比亚特区的住宅中，一对源自文艺复兴时期的扶手椅放置在精雕细琢的壁炉架两旁。造型别致的定制沙发配有中性色亚麻布软垫。源自法国的古董长椅配有带条纹软垫，与白色嵌木墙上的条状纹理互相呼应

红色

艾莉珊卓·布兰卡

我并不确定自己从何时开始对红色情有独钟。不过，我生于罗马长于罗马，而罗马文化是五彩缤纷、灿烂夺目的，比如意大利文艺复兴时期的绘画作品中出现了赭石红、天蓝色，比如黄色灰泥墙上留下了翠绿色痕迹。红色总是吸引着我的目光、牵引着我的思绪，我从艺术大师拉斐尔和提香那引人入胜的作品中、从鲜花广场的鲜红色番茄中、从托斯卡纳那历经数百年烈日炙烤的红土中发现了红色的踪影。如此视觉体验——如同我的母语和我的经历一样——给我带来了深远影响，成就了今日的我。

尽管我常以欣赏目光看待各种颜色，但我对不同形式的红色有着特殊的偏爱。深浅不一、明暗不同的红色总能带给我欢乐与喜悦。对我而言，红色代表着热爱——对历史、文化、传统、家庭甚至美德的热爱。很多人觉得红色让人兴奋，但对我而言，红色让我平静。有些科学家认为红色是胎儿在母体子宫中感知到的第一种颜色（除黑白两色以外），但是红色并非只有一种色调。事实上，红色有数百种色调，比如宝石红、中国红、旗帜红、茜素红、绯红、珊瑚红等。

我并不建议大家把整个室内空间都装饰成红色，尽管《服饰与美容》（Vogue）杂志的知名主编戴安娜·弗里兰曾经把自己的家全部装饰成红色。21世纪50年代，她与天才设计师比利·鲍德温一起合作，共同创造了一座"地狱花园"——全红色客厅，这一杰作成为室内设计史上极具标志性的作品之一。弗里兰曾经说道："我的一生都在追求完美的红色。然而，我却无法让任何画家为我调制这种红色。我所说的'完美的红色'，如同我所说的'我希望在洛可可风格之中融入哥特建筑风格，再加入佛教寺庙元素'一样，画家根本无法理解，也就无从调制。在我眼中，完美的红色在文艺复兴时期的任意肖像画中都可寻得。"

追溯历史，我们发现红色充满了象征寓意。红色代表了保护力量，战士在脸上涂上红颜料，以此保护自己免受邪恶势力的袭击。红色代表了永恒的爱与忠诚。在中国，红色是最受尊崇的颜色；在亚洲的大部分地区，红色象征着幸运吉祥。红色代表了喜庆，代表了热烈，是对生命的礼赞。在美国，红色同样有着丰富的文化寓意。谁能忘记《绿野仙踪》中桃乐茜穿着宝石红鞋子心无旁骛地踮着脚后跟的场景？又有谁能忘记史诗级电影《公民凯恩》中那神秘莫测、让人怀念的玫瑰花蕾？看到红色，我们总不自觉地联想到雷德福来尔品牌出品的三轮车、春天里的主红雀、经典的口红或闪亮的红苹果。

随着环境、光照以及材质的不同，红色呈现出丰富多样的视觉效果。蓝红色和黄红色在色调上虽然不同，但在室内空间中却可以和谐融合。油漆会像海绵一样吸收红色颜料，由此改变红色的纯度。椅上的红色软垫和墙上的红色织物互相搭配，可以产生引人注目的视觉效果。不同光照条件下的红色会有不同的观感，因此，不同季节、不同地域的红色看上去会截然不同。罗马客厅墙上的赤土红，与巴哈马群岛的珊瑚红、美国西部的红岩、纽约城公寓中的典雅红看上去会有很大差异。不同材质的红色——马海毛丝绒家具的红色布艺、涂漆屏风上的红色涂漆、古董土耳其地毯的红色织物——也会有不同的观感。

对颜色没有偏好的"中立主义者"如你，不妨考虑以红色作为家居装饰的元素。选购红色的装饰用品（比如家具、枕头、陶瓷、书皮），往往可以产生美妙的视觉效果。你可以把红色视作一种调料，在你的巧手搭配、用心安排下，它可以为你的生活增添活力与色彩。

281页图：

在这一位于芝加哥的顶层公寓中，通道处的墙上贴有朱比尔品牌出品的精美灰色图案墙纸，为这一空间增添了典雅气息。一张源自19世纪20年代英国摄政时期的红木桌子，一对弥漫着路易十六时期风格、配有红色丝绒软垫的长凳，一系列源自20世纪中期意大利恩波利的玻璃器皿，为这一空间增添了别样魅力

中性色

马里埃特·海姆斯·戈麦斯、布鲁克·戈麦斯

中性色从来不会让人感到沉闷；但是，当不同的中性色聚在一起且得不到合理搭配时，便可能让人感到沉闷。巧妙运用中性色的秘诀在于：充分利用中性色的深浅变化与表现形式。人们常常会对柔和的中性色有天然好感与特殊偏爱，尽管如此，我们的室内空间仍然需要各种颜色的装饰与点缀——前提是这些颜色不会让我们感到刺眼。

在把中性色运用到不同空间的过程中，我们需要遵循不同的原则。比如，在把中性色运用到卧室时，我们的目标在于营造宁静的氛围，因此我们需要让卧室里的所有元素都以中性色为基调——墙壁颜色、地毯颜色、软垫颜色、窗帘颜色。在为住宅配置地毯时，我们可以选择同色系的、覆盖整个房间的地毯，也可以选择不同色系的、覆盖局部区域的地毯（这种地毯常常出现在梳妆室中，给人以奢华之感），以此形成对比、产生趣味。

中性色可以也应该富于变化、富有层次，由此赋予室内空间以丰富变化与多元层次。人们需要注意避免运用过于冷淡的中性色。比如，白色往往给人冷淡无情而非温暖亲切之感。运用木质家具——比如椅子和床头柜——可以为室内空间注入温度。运用配有中性色软垫的木质家具可以为室内空间增添更丰富的层次。灯具和家具一样，可以为室内空间增添色彩与能量。通过设置古董玻璃台灯，让灯光洒落到抱枕、大床、桌椅上，使其呈现美妙的光彩。通过设置淡绿色的台灯，让灯光流泻到笔筒和皮革记事本上，使其闪耀灵动的光影。

客厅需要设置浅淡、中性且让人宁静的色调；与之相对，书房或饭厅需要设置更为浓烈、更为丰富的色调。书房的墙壁适合镶嵌木板，饭厅的墙壁适合涂上缤纷颜色，或者再添置一个烛台，让烛光在此留下微光。在客厅中，深浅不一的中性色营造出纵深感与宁静氛围；让中性色以不同材质展现出来，可以创造更为美妙的视觉效果。值得注意的是，客厅中除了有让人宁静的中性色以外，还可以适当添加鲜亮颜色进行点缀，以此彰显主人的个性气质。比如添加经典的蒂芙尼蓝和爱马仕橘绿，往往可以让人赏心悦目。当然，运用中性色的同时，也可以运用其他彩色，但要注意合理配置、和谐搭配。比如，在一个全是中性色的空间里，如果添加一个桃红色枕头往往会显得格格不入，但如果添加一个淡蓝色或淡绿色的枕头则会显得非常和谐。浓烈的颜色还是应该运用在大厅、厨房、化妆室中。

关于白色，我想说的是：现实生活中有各种各样的白色可供选择，选择最为恰到好处的白色作为墙壁颜色非常重要，因为墙壁颜色奠定了整个空间的氛围与基调。浴室墙壁可以涂成洁白色；而对于艺术收藏者而言，墙壁涂成暖白色更为合适。艺术品值得引起人们的关注，而把其置放于中性色的背景下，最能体现其美感与魅力。

装饰用品为中性色提供了更多的展现机会；而且各种装饰用品——比如陶瓷花瓶、玻璃器具、古董盒子——可以为室内空间增添光彩与韵味。关键在于既保留装饰用品的个性气质，同时保证其与周围环境的和谐融合。当然这并不意味着室内空间中不能存在引人注目之物，比如安装在天花板上、置于中性色背景中的大型艺术吊灯。

总而言之，中性色有助于营造简约朴素、舒适和谐的室内空间。如此空间广受人们的青睐与喜爱，因为置身其中，人们总能发现惊喜、收获乐趣、开阔视野。作为设计师，我们所面临的难题是，如何让充满中性色的室内空间既不显得单调沉闷，又充满惊喜与乐趣。

283页图：
在这一位于派克大街的住宅里，入门通道处设有乳白色墙壁，更好地衬托出桌案——以铁与石头为材质、借鉴装饰艺术风格——的简约线条与别致造型。小巧的青铜雕像与卢西安·弗洛伊德创作的人体画互相呼应

左图：

在这一位于曼哈顿第五大道的复式公寓中，客厅墙上的"嵌木"实际上是一种立体感强而逼真的错视画，是设计师委托巴黎的错视画艺术家为这一公寓所定制的。中性色的沙发装饰有华美的绸带花边，由此构成某种微妙的平衡

黑色

卡拉·曼

黑色内涵丰富、寓意深刻。它既是单纯的，又是复杂的；它既是复古的，又是新潮的；它既是传统的，又是现代的。最为重要的，它总是那样神秘莫测、富有魅力。

黑色并非始终如一，它有千姿百态，时而让人感到温暖，时而让人感到质朴，时而让人感到奢华。黑色的色调繁多——浅黑色、暖黑色、墨绿色、褐黑色；黑色的质感丰富——衬边、丝绒、羊毛。由于黑色的变化形式丰富多样，因而它可以在保留自身高贵品质的前提下，凸显纵深感与视觉趣味。

黑色的不同表现形式，让古典优雅与现代简约得以实现跨时空的对话。比如，在设计我那位于芝加哥的公寓时，我运用了融合黑色与棕色的装饰线条，由此创建了弥漫着传统风格的背景，使其与克里斯蒂安·利亚格尔、爱马仕所创作的现代艺术品和谐并置、友好互动。在此，新与旧之间实现了奇妙的"无缝连接"。

黑色既可以让建筑构件隐藏起来，也可以让建筑构件凸显出来。通过在室内空间中设置清晰而生动的黑色线条，可以为这一空间注入无限生机与活力。在设计纽约的切尔西酒店时，我把大型铁质楼梯侧面的墙壁涂成深墨绿色，以此衬托出蜿蜒楼梯的动感与活力。

置于淡色背景下，黑色家具可以瞬间"脱颖而出"，凸显自身的厚重感与雕塑感。任何黑色家具都可以轻而易举地显现出自身的体量与轮廓。置于淡色墙壁前，涂有乌木色、带有棕色斑点的家具如同三维立体书法一样。具有永恒魅力的设计往往装饰有清晰明朗、引人注目的黑色线条，这表明黑色可以发挥分界之作用。

在对纽约的一座复式阁楼进行室内设计时，我巧妙运用了深黑色以营造硬朗、冷峻的氛围：在厨房设置有源自凯思内斯郡的炭黑色石头（这是由克里斯汀·奥斯特古威莱奥设计的一座岛屿雕塑），在浴室中设置有涂有黑漆的洗手台。

在对另一住宅进行室内设计时，我借鉴了罗勃·海尼根的摄影作品（该作品展现了黑暗房间里的一位裸女），把重点放在展现不同颜色之间的联系上。在设计过程中，我深入思考了黑色与白色之间的微妙联系：与纯白色并置时，黑色会变得非常活泼、非常灵动。相比之下，我对"多愁善感"的黑色和黑色电影中的白色更感兴趣。纯绿色、暗紫色、淡琥珀金色、深金属蓝色，在室内空间中都可以成为迷人的色调。

回顾室内设计史，黑色房子有其纯正血统。想想设计大师马克·汉普顿于 1971 年设计的标志性房子：褐黑色的墙壁、乳白色的雕塑、以柿子为造型的丝质沙发。在时尚设计领域，无论是可可·香奈儿设计的典雅别致小黑裙，还是亚历山大·麦昆设计的另类黑色背包，都可以看出黑色是时尚的不变底色。时尚设计比室内设计更为日新月异，因此，室内设计师可以从时尚设计——巴黎世家、纪梵希、赛琳——中获得灵感。我乐于对经典时尚元素进行现代加工，使其恰到好处地融入今日之室内设计中。

黑色代表着高贵，弥漫着神秘。在室内设计中，无论黑色是否作为主色调，它都散发着艺术的气息，传递着时尚的格调。

287页图：

在这一位于芝加哥的砖房中，室内空间与室外空间几乎融为一体。在此，整个房间都覆盖有剑麻地毯，而在靠近窗户的地方则铺有一张复古小地毯，由此形成一片休息区。一把配有软垫的定制椅子放在以青铜和玻璃为材质的咖啡桌旁（咖啡桌有着清晰边界）。由让·德·梅里设计的橱柜、以花岗岩为材质的架子、人造卫星般的天花板装饰品，都蕴含着黑色元素

独一无二

欧内斯特·德·拉·托尔

长期以来，珍稀之物总是吸引着人们。为了把珍稀之物收入囊中，他们不惜长途跋涉、历经艰辛甚至相互争斗。回顾历史，无论是一种香料，还是一颗红宝石，抑或一幅卷轴画，人们对世界各地的珍稀之物总是心心念念、钟爱有加。

翻阅设计史册页，我们发现设计领域的珍稀之物，往往成为统治者和宗教领袖用以提升自我地位、确立神授权力的重要法宝。时至今日，法贝热彩蛋依然让人们联想到俄国沙皇，斑岩大理石依然让人们联想到罗马人以及罗马教皇。凡此珍稀之物比其主人之寿命更为长久：流传至后世作为成功的标志为人们所享有。

在岁月流逝、时代更迭中，多位设计大师如罗伯特·亚当、埃米尔·雅克·鲁尔曼、伦佐·蒙卡迪诺创造了魅力永存的室内设计。在这些室内设计中，尽管我们可以看到奇珍异宝的身影；然而，这些室内设计之所以成为杰作，是因为它们都体现出设计师的审美理念与整体视角：在此，设计师通过统筹兼顾、合理配置，把各种精致的艺术品与手工艺品融入室内空间中，使其弥漫着生机活力与灵动魅力。设计师也许会把珍稀之物融入室内设计中，但是在我看来，是设计师的专业知识与艺术鉴赏力成就了真正独一无二的室内设计。

我曾在伦敦的苏士比艺术学院学习法国装饰艺术设计。在此期间，我了解到装饰艺术设计大师会对室内空间的各种元素比如灯具、家具、地毯、布艺织物等进行精心设计，以此为客户量身定制独一无二的家居环境。反观当下，在一个动动鼠标即可从全球成千上万的椅子、地毯、布艺织物中挑选心仪之物的时代，往昔装饰艺术设计大师那一丝不苟的设计制作成为一种遗失的艺术。

昂贵材料并非判定珍稀之物的标准。独一无二的室内设计，是在融合珍稀之物的基础上，体现客户的个性特质，彰显客户对完美的追求。想要创造独一无二的室内设计，设计师需要深思熟虑、周密安排。我发现让室内设计变得与众不同

右图：

在这一设计时尚的卧室中，墙上镶嵌的定制木板（木板表面覆盖有亚麻布与皮革）和手工编织的床罩，与由中岛米拉设计制作的大床形成呼应与互动。一对由马修·马悌古设计的阅读灯和两盏以珊瑚石为材质的台灯，在夜间可以照亮这一卧室

上图：

在这一位于佛罗里达棕榈滩的住宅中，由埃里克·弗里曼创作的大型油画挂于定制丝质沙发之后（这一沙发借鉴了让·米歇尔·弗兰克的设计风格）。咖啡桌两边整齐摆放有4把椅子；鼓形圆桌覆盖有皮革，并装饰以望加锡乌木为材质的桌面

的方法之一是添置珍贵装饰品，此处所言之"珍贵"，是指其承载了手工艺人的精湛技艺与工匠精神。这些做工精致的装饰品，可以带给主人与客人视觉的享受，使其沉醉其中流连忘返。

麦秆镶嵌木板是我喜欢的珍贵装饰品之一。它之所以珍贵，不在于材料的稀少珍贵，而在于工艺的稀世罕见。麦秆镶嵌是一种流传数百年的工艺；文艺复兴时期的艺术家已经运用这一工艺在薄片上精确绘制图画，后来让·米歇尔·弗兰克把这一工艺运用到20世纪的设计中。时至今日，极少设计师有条件和懂得麦秆镶嵌工艺的手工艺人一同合作；究其原因，一方面，设计师不具备足够的财力；另一方面，如今懂得麦秆镶嵌工艺的手工艺人非常稀少。麦秆镶嵌工艺不仅需要精确绘制，也需要细致安装。因此，当下只有少数人有幸拥有一所带有麦秆镶嵌装饰品的房子；因为有了麦秆镶嵌装饰品的"进驻"，这些房子变得独一无二，带给人美

妙的视觉享受与艺术熏陶。

此外，还有其他定制用品可以让室内设计变得独一无二，让客户感到赏心悦目：定制的刺绣品、手工粉刷的墙壁、精美的手绘或刺绣墙纸、精雕细琢的镀金玻璃器皿。有些客户更为偏爱持久耐用的定制用品：比如手工打造的青铜器具或私人定制的马赛克大理石地板。无论把何种定制用品（珍贵的或朴素的）融入房中，这些房子的主人都可以感受到自身与周围物件的特殊联系，因为这些物件不仅独一无二，而且彰显其个性。

时至今日，室内设计的独一无二，体现在设计师在建构空间时的一丝不苟、深思熟虑上，体现在设计师在布置空间时的统筹兼顾、合理安排上，体现在设计师在装饰空间时所选用的珍贵装饰品与艺术品上。如此经过设计师精心建构与审美加工的室内空间，可以达到"整体大于部分之总和"的视觉效果：其整体审美价值，已然超越每一珍贵物件或珍稀元素的价值。

设计灵感

汲取灵感

托马斯·菲森特

对我而言，在设计过程中，没有什么比寻找设计灵感更为重要。从我成为室内设计师与家具设计师以来，我一直留心观察世界、用心感受生活，期待灵感闪现的时刻，让灵感指引我去设计一个空间、制作一张桌子或运用一种颜色。

周围的世界就是一个巨大的素材库，为我们提供了源源不断的灵感，我们需要做的就是花时间去体验与感受。然而，汲取灵感不同于完全模仿前人之作，不同于简单复制所见之物；汲取灵感是指在体验与感受的基础上，进行审美判断与合理取舍，然后产生新的创造。

关于汲取灵感，有一个很好的例子：巴黎美术馆内陈列着优雅的古董椅，人们对着椅子拍照并把照片发送给家具制作工作室委托其进行复制。时至今日，家具复制已经相当普遍；许多卓有才华的设计师也开始从事家具复制。值得一提的是，此处所言之"复制"并非一般意义上的复制，而是指设计师在借鉴原型的基础上进行再创造。为了汲取灵感，设计师需要对家具原型进行研究分析：是比例还是装饰抑或细节让这件家具变得如此引人注目、如此独一无二？经过这一研究分析的过程，设计师可以在保留家具原型精髓的基础上融入个人理解与创新元素，由此再造一件新的家具。

灵感无处不在、随时可见。然而，当下的人们总是局限于室内空间、忙碌于手头工作，因而往往忽略了灵感的存在。对于从事创意工作的人们而言，到户外走一走、看一看，是获取灵感的最佳途径——随着时间的流逝，他们可以敏锐地感知能给自己带来灵感启发的东西。

作为一个乐于运用简约家具与简单色调的设计师，我发现每个设计项目都有各自的特点，在开展每个项目之前我总会制订清晰的设计方案与方向。然而，并非每个项目都能按照原定方案顺利进行，有时候房屋的客观条件会给我带来障碍。事实上，在开展一些设计项目时，

我经过周密考虑后，决定保留精华删减多余，由此才创造了让人满意的室内设计。

举例来说：我曾对纽约州南安普敦的一座住宅进行室内设计，这座住宅有着百年历史，其古典的板式外观非常引人注目；然而，多年来这所住宅几易其主，经过多次整改装修后，其室内空间与其典雅外观不相符合，这对我而言是一大难题。在我看到这座建筑时，我就感觉需要添加点什么来让室内空间得到改善。

当我漫步于这所住宅外的花园时，我被蕴含其中的园艺之美所深深吸引，由此得到灵感启发——在室内空间中融入园艺元素。于是，在这一古典雅致的建筑中，我巧妙融合了各种园艺元素：仿照葡萄架样式对墙壁嵌板进行改造，在白色石膏天花板上添加花卉图案装饰，在地毯与墙饰中融入户外风景元素，由此为室内空间增添古典美感与自然气息。

诚然，很多设计项目中的房屋住宅并不具备户外花园可以为设计师提供灵感。然而，住宅周围的环境同样可以为设计师提供灵感。我曾遇到一位非常特别的客户，他的住宅面积很大、空间广阔，四壁是混凝土厚板。当我亲临现场时，我发现这一开阔的空间中有多扇大型窗户，透过窗户可以把曼哈顿中央公园的壮美景观尽收眼底。

我在构思这一空间未来可能的"模样"时，突然想起了20世纪40年代好莱坞电影中常常出现的场景：纽约的奢华住宅中，一扇大大的窗户，透过窗户可以眺望城市迷人的天际线。我把这一意象运用到设计中，希望创造一片位于城市高空、宁静而现代的绿洲。在借鉴了好莱坞布景师威廉·韩思所设计的奢华而高贵的室内空间后，我开始打造一方既融合好莱坞电影元素也符合个人简约品位的室内天地。

关于如何获得设计灵感的故事可谓数不胜数。每一个设计师都以自己的眼睛去观察周围世界，都以自己的维度去衡量身边事物，关键

293页图：
这一住宅位于纽约州南安普敦。在此，设计师把户外花园的元素融入室内空间的设计中。天花板的装饰图案源自窗外的白色山茱萸花，天花板的石膏线上展现了一朵朵栩栩如生的"花儿"

在于找到恰到好处的方式去表现我们眼中的世界，去诠释我们对事物的理解。如果复制模仿是全盘接受，那么汲取灵感就是汲取营养以培育出美丽的创造奇葩。

左图：
这一空间广阔的住宅位于纽约中央公园南部，它不仅融合了20世纪40年代好莱坞电影的元素，而且弥漫着奢华格调与现代气息。这一住宅中陈列着主人的现代艺术收藏品，其中包括位于右边基座上、由雕塑家野口勇创作的现代雕塑

爵士乐

桑德拉·南纳利

如果你来到我位于纽约的公寓，你会在客厅看到以下物件：一把高端大气的高靠背椅，一把由让·米歇尔·弗兰克于20世纪30年代设计的椅子，一张由家具品牌梅松·杨森于20世纪出品的黑漆桌子，一张源自20世纪70年代意大利、以丙烯酸树脂为材质的边桌，一个路易十六时期出品、带有镀金条纹的座架（其精美雕工与木工格外引人注目），一幅由里查·塞拉创作的油画，一个从缅甸带回来的手工丝织枕头，一座以沙丁鱼罐头为材质的雕塑（这些罐头是我在南非期间从马路边捡来的）。

我之所以把这些物件共冶一炉，仅仅因为我喜欢它们。如果一定要让我谈谈我的设计理念，我想最简单、最生动的解释为——我乐于把爵士乐的自由风格融入室内设计之中。

在悉尼学习建筑期间，我曾在一家画廊工作。画廊主人凯姆·博奈森对爵士乐有着无与伦比的痴情与热爱。他不仅举办爵士音乐会，而且还邀请各大著名音乐人到澳大利亚表演爵士乐。我记得艾灵顿公爵曾经亲吻过我的手，我记得塞隆尼斯·孟克曾在凯姆·博奈森的一艘欢乐游轮上弹奏钢琴。感激凯姆·博奈森这位爵士乐的忠实粉丝，让我有机会享受一场场视听盛宴，有机会对艺术与音乐有了新的理解。

爵士乐的自由风格，让人感觉身心愉悦：它是一种即兴表演，是一种自然反映，是一种创新探索。我欣赏爵士乐的自由，我也希望把这种自由融入室内设计之中。我乐于从不同地区的文化中获取灵感，我乐于从不同时期的传统中汲取营养。

正如我进行音乐创作时要从音符开始一样，我进行室内设计时也要从布局开始。设计师需要在合理布局的基础上推行设计方案，就像爵士音乐家需要在既定音符的基础上进行即兴表演。在设计自己的住宅时，我需要把位于五楼（这座大楼建于世纪之交）的两个相连公寓合并起来（其中一个公寓有着极高的天花板）。我

一心想把两个公寓之间的墙壁拆掉，以此打造一个空间广阔、比例协调的客厅。在这一客厅中，我增添了古典元素，比如定制的顶冠饰条和护壁板。为了让火炉重新投入使用，我更换了更为低矮的小型炉膛，我还设计了一个与炉膛搭配的迷你型铜质壁炉架（在此情况下，弥漫着古典风格的大型壁炉架不再适用），再在壁炉架上方挂上矩形镜子，使这三种元素和谐搭配、友好互动。我设计了一张低矮的长沙发，不仅可以轻松容纳6个人，而且可以折叠起来。在此之后，我对不同风格的椅子和装饰物进行合理搭配，并把一根毛利人的棍棒放置于肯尼斯·诺兰的画作旁边。凡此种种并置，都体现出爵士乐的自由风格。

饭厅对我而言非常重要，因此，我努力让住宅内的任一地方都有可能成为临时的"饭厅"。朋友到访时，我希望我们可以在住宅内的任一地方用餐，这将为我们的相聚增添不少乐趣。我通常会在窗边放置桌子，平日里桌上堆满了书，每逢欢庆时刻我会在桌上摆满食物、饮品以供客人享用。当然，在寒冷的冬夜里，我们也可以坐在火炉旁来一场温暖人心的"围炉夜话"。我喜欢室内设计的这种灵活性，一切都在变化，都在不断运动，就像即兴表演的爵士乐一样。

在爵士乐的即兴表演中，爵士乐的旋律总是那般飘忽不定、自由自在，我们永远无法知晓其休止何处、通往何方。不过听爵士乐只是一种小乐趣，更大的乐趣是构思住宅的未来模样，而后对住宅进行室内设计。在此过程中，一切随心，自然而然。当我们在设计中感觉"如鱼得水"时，我们不仅会心情愉悦，而且会由衷自豪。

297页图：
在设计师位于曼哈顿的住宅中，一系列家具与艺术品和谐并置，其中包括由里查·塞拉创作的油画作品、路易十六时期出品的座架、源自20世纪70年代意大利的有机玻璃桌子，由此实现跨文化元素的交汇融合

古典音乐

迈克尔·西蒙

随着时间的流逝、生活的积淀，我发现有两种艺术形式——音乐与设计——总能互相借鉴、相得益彰。

从事室内设计以前，我修读的是音乐创作。因此，我的设计过程也仿佛作曲过程一般。对我而言，音乐不仅存在于周围的现实世界，也存在于我的内心世界。作曲者——无论在创作歌剧、独奏曲还是室内乐、交响乐时——需要创作出独具特色的旋律，让听者理解其音乐语汇，进而产生情感共鸣。

作曲者常常根据特定主题、运用简单音符来创作主乐调，这一主乐调往往会让听众产生熟悉之感。如果主乐调拿捏准确，听众就可以充分感受作曲者所创造的音乐世界。想想贝多芬名作《第五交响乐》中那由4个音符组成的主乐调——它反复出现，并伴有或明显或细微的变化，仿佛在娓娓道来，仿佛在一叹三咏。贝多芬所创作的主乐调只包含4个音符，看似简单寻常实则内有乾坤：主音调贯穿整首乐曲，让听众从头到尾一直处于被感动、被震撼的状态。乐曲中的每一部分都与主题息息相关，每一元素都紧密相连，共同构成一个和谐整体，由此实现"整体大于部分之和"的效果。

如此"整体大于部分之和"的理念同样适用于室内设计。在开展设计项目时，我总是根据特定主题、按照整体规划、运用简单元素（比如织物、地毯、家具、物件等二维和三维元素）来进行室内设计。室内空间中充满了不同的设计元素，它们出自不同的制作大师之手。我一直秉持单一而简约的设计理念，因为太多理念反而会互相干扰，最终削弱室内设计的纯粹性。设计元素可以在图案、材质、形态、颜色上有所不同、形成差异。

最近我在开展亚利桑那州的一个设计项目时，从三种装饰元素——石头、格子、波纹——中汲取了灵感。我以这三种元素为基础，深入探索蕴藏在这三种元素之中的不同变化形式，以此营造让人赏心悦目的室内设计。比如，在对石头的探索中，我挑选了6种品质不同的石灰岩——包括带孔的、砂状的、石化的石灰岩等——并把它们装饰在室内和室外的一系列墙壁上。此外，在为壁炉腔挑选合适的玻璃时，我发现了6种品质不同的玻璃。石灰岩暗淡且不透明，玻璃明亮且反光，两者并置可以形成有趣的对比。我还以钯金金箔、黄金金箔、月亮金金箔、云母粉、日本彩漆等珍贵材料来装饰玻璃背面，让其在与石头的并置中产生特别的效果。另外，我还从沙岩身上的棋盘花纹中获得了灵感，我不仅把棋盘花纹运用到地毯上，也在早餐室的墙上安装有棋盘花纹的镜画。在整个室内空间中，石头以不同的形式反复出现，由此产生微妙的视觉效果。

我的客户常常愿意和我一起合作，联手打造他们的住宅。因为很多设计元素都需要委托定制，因此在开展设计项目的过程中，我们需要花时间去挑选不同的构件、不同的家具、不同的物品以形成我们的"主乐调"。"主乐调"确立以后，我们的设计项目就可以顺利进行，进而延伸出节奏不同的华彩乐章。我有一位客户非常热爱齐本德尔式家具——此种家具受到中国清代广式家具的影响，于是我就在客户的新家中以不同的材质、不同的形式、不同的变体来反复呈现齐本德尔式家具。如此设计对于客户而言意义非凡，因为他们最为喜欢的元素在新家中得以延续并焕发活力。

正如人类的细胞可以裂变分化一样，室内设计的元素也可以发生变化。最细微的元素——比如织物、饰品、地毯等——可以以全新的形式呈现于室内空间中。为了取得事半功倍的效果，设计师需要对元素的细节进行研究，进而对元素进行改造，改造的可能性无穷无尽。最后，就像富有力量的古典音乐可以把所有音符统一起来一样，优秀的室内设计也可以把建筑与装饰的所有元素巧妙融合，共同构成一曲

299页图：
就像古典音乐一样，这一位于亚利桑那州的住宅也呈现出主乐调及其不同的变奏形式。在这一住宅中，设计师借鉴了6种不同品质的石灰岩之纹样，由此设计出地毯图案、壁炉腔的镜画图案等不同家具饰品的图案

和谐乐章。在此过程中，设计师并没有受到特定时期、特定风格的影响，而是根据元素最简单、最本真的面貌进行改造，因而可以营造和谐自然的视觉效果。

左图：
这一住宅位于明尼阿波里斯。住宅的家庭活动室中，设计师巧妙运用了不同形式、不同比例的格子图案。软垫和墙壁上的淡蓝色和青瓷绿色与室内的乳白色基调彼此呼应、和谐融合

巴黎

潘妮·杜·贝尔德

巴黎不仅仅是一座城市，它还代表着一种难以界定、莫可名状的理念。巴黎历史悠久、文化深厚、风景优美、设计时尚、美食丰富，由此成为世界上极受游客欢迎的城市。巴黎就像一道色香味俱全的菜肴，细细品尝，可以品出生活的乐趣。

数百年来，巴黎一直是世界时尚之都。巴黎的设计对建筑设计、室内设计、园林设计、时尚、香水、艺术、烹饪、文学、雕塑、家具和布艺等领域产生重要影响。有时候，并非法国人原创的物品，也可以引领时尚、独领风骚，比如17世纪法国盛行的威尼斯镜子——彼时法国人把慕拉诺岛的能工巧匠请到法国为其传授镜子制作技艺。

设计专业的学生都知道巴黎的设计对世界产生了深远影响，这种影响延续至不同时期，辐射至不同地区。

回望过去300年，我们可以发现巴黎是一座神奇的城市。虽然这座城市拥有华美的建筑与精美的桥梁，然而这座城市却并非宜居之地。虽然巴黎享有种种美誉，然而这里却常常发出恶臭。但是，这并不妨碍皇室成员居住于此（除巴黎以外，皇室成员也居住于巴黎城外的乡村宫殿和度假别墅）。皇室成员积极参与其宫廷住宅的设计，他们把当时最为精美的手工艺品和由设计大师如让－亨利·里厄泽纳、乔治·雅各布所设计的家具都融入住宅之中。皇室宫廷设计引领潮流时尚，大臣们常常斥巨资打造与皇室宫廷相媲美的住宅。法国史上最为热衷室内设计的名人当数约瑟芬·波拿巴，她和设计师查尔斯·珀西、皮埃尔·弗朗索瓦·莱昂纳尔·方丹紧密合作，共同打造帝国风格的住宅。如此风格流传久远，以其华美而不失简约的特点而备受青睐。

直至19世纪下半叶，社会变革与技术革新对设计领域产生了深刻影响：君主政体让位于共和政体，机械化生产改变了家具的制作方式，催生了家具的批量生产。

20世纪的到来，社会发展同样对设计领域产生了巨大影响。第一次世界大战期间女性参与工作，直到20世纪20年代，巴黎的设计师不断涌现，持续引领设计与时尚潮流，其中包括可可·香奈儿、保罗·波烈、埃米尔－雅克·罗尔曼、让·米歇尔·弗兰克、勒·柯布西耶、皮尔瑞·查里奥。此时期设计革新层出不穷，推动设计师运用最优质的材料来制作弥漫着现代风格的家具与饰品。

可惜的是，如此硕果累累的时期受到第二次世界大战的阻断。直到20世纪60年代，一切尘埃落定，巴黎的设计重归传统风格。及至20世纪70年代，嬉皮士运动盛行；在此影响下，人们开始反叛一切，特别是传统老派的室内设计。

来到20世纪80年代，传统的奢华风格再次卷土重来，路易时期出品的家具饰品随处可见。转眼来到21世纪，巴黎的设计依然对世界产生深远影响，无论彼时彼地盛行何种潮流时尚。

世界上还有其他设计繁荣、艺术灿烂的城市，它们都对巴黎的设计风格产生了影响。然而，巴黎以一种妙不可言的方式，向世界输出了自己的设计理念、观点、视角；如此设计理念、观点、视角，是巴黎的设计师在亲历历史、回望历史、想象历史中逐渐形成的。

今日之巴黎的设计师在某段时期、某个项目中受到了巴黎生活、巴黎历史、巴黎理念的何种影响，我并不确切了解。我确切知道的是，我与巴黎之间的微妙联系，影响了我的设计、创造与价值观。

303页图：

这一空间广阔的住宅建于战后年月，位于曼哈顿上东区，由设计师罗萨里奥·坎德拉进行室内设计。作为当代艺术收藏家，住宅的主人希望打造既弥漫着古典风格又融入当代气息的室内空间。为达此目标，设计师为住宅中央的客厅之天花板装上金箔饰品

右图:

在这一位于纽约、以白色为基调的住宅中，源自20世纪20年代的法式椅子和主人收藏的艺术品格外引人注目。壁炉左边挂着由达米恩·赫斯特创作的大型油画作品，壁炉右边挂着由杉本博司拍摄的黑白摄影作品

美国

杰弗里·比尔汉布尔

美国的室内设计无关联邦大楼或殖民时期风格的家具，它关乎人们对当下的清醒认识与对未来的美好愿景，它反映社会的整体面貌。美国设计师的风格特点在于尽己所能做到最好：去探索、去吸收多元文化，并以一种睿智、巧妙、积极的方式把不同的文化元素共冶一炉。美国的室内设计无关怀旧，而更多关乎当下——21世纪的今天。客户希望活在当下，关注此时此地而非彼时彼地。因此，美国的室内设计是对当下的关注而非对往昔的回望。

美国的室内设计以功能为基础、以实用为依据。对于房屋住宅，人们首先关注功能——体现"形式追随功能"之理念，而后才关注色调、图案、装饰、风格。美国人在社会各处与世界各地自由流动，这一点体现在室内设计的流畅自然上，也即室内设计更为强调舒适怡然而非文化积淀。

法国的室内设计追求在遵循既定原则的基础上不断改进、不断完善。与之不同，美国的室内设计乐于从多元文化中汲取灵感，并对不同的文化元素进行创新融合。日本的室内设计不以功能为导向，而旨在创造井然有序、赏心悦目的室内空间。英国的室内设计热衷从传统中汲取营养——在时间跨度上，英国历史是美国历史的四倍。值得一提的是，英国的室内设计师对色彩的运用简直"神乎其神"。与之相对，美国的室内设计（无论是沙克尔楼还是索霍区的艺术画廊）往往都有纯色背景（即便不是白色），因为美国人追求纯净与明朗。

美国依然是很年轻的国家。回望美国总统华盛顿、杰斐逊的住宅居所，我们可以清晰地看到：他们在到访各地的途中接触到不同的物品，而后把其纳入自己的住宅中。蒙蒂塞洛庄园（杰斐逊的故居）不再呈现殖民时期风格，它犹如大宝库一般，汇聚了源自法国、英国、爱尔兰的精美家具，印第安人的手工艺术品以及古罗马艺术品。在爱尔兰出品的桌子上摆放

右图：

这一住宅位于曼哈顿。在住宅的客厅中，由艺术家托马斯·施特创作的带框蚀刻版画占据显要位置。在造型优雅的俱乐部椅和带丝绒软垫的沙发（软垫上的虎纹图案格外引人注目）之间，设置有一盏陶瓷台灯，台灯配有绿松石色的灯罩

308—309页图：

这一住宅位于曼哈顿。在住宅的书房中，扶手椅和配套的搁脚凳上配有黄绿色的丝绒软垫，软垫装饰有栩栩如生的虎纹图案。昏暗而朦胧的墙壁与灯罩上的布艺织物构成有趣的对比

着法国出产的美酒，在宁静的书房中装饰有英国古典饰物。由此可见，美国的政治家到访世界各地，购置具有当地特色的物品，再把这些物品带回美国陈列家中——如此包罗万象的室内设计只能在美国得以一见。

我曾经为德高望重的女装设计师于贝尔·德·纪梵希设计住宅和工作室。有一次，我问他法国设计和美国设计的区别何在？他如此回答道："法国设计旨在精益求精；美国设计则显得包容随性，它只能在美国这片土地上出现。"

展望未来，美国的室内设计将继续关注当下，继续追求现代风格。美国的设计师辛勤耕耘，只为创造一种具有前瞻性的现代风格。我的一位颇有名望的客户（他在巴黎、罗马、纽约等国际大都市拥有房产）曾对我说："流连各国，我总乐于回到纽约，因为纽约彰显了新世纪、新时代的城市所该有的面貌。"纽约不仅是一座美丽怡然、井然有序的城市——这里弥漫着朦胧的烟雾、充满着火柴盒式的房子，也是一座活力无限、积极向上的城市——这里积聚着前行的强劲动力。纽约是美国的缩影，人们从西面八方拥向纽约，只为分享这座城市的活力，寻求自我发展的机会，攀登更高的社会阶层。

一位记者曾向摄影师曼·雷提问：如何能够一直引领潮流？对于这一问题，美国的室内设计师别无他选，只能一直追求现代风格。而且，随着时间的流逝，追求现代风格会越发显现其重要价值。美国的室内设计师无须延续殖民时期的风格，而可以从身边的多元文化元素中汲取灵感，并以无限热情、创新方式把其巧妙融合。在 21 世纪的今天，美国的设计师应该让世界看到特色鲜明的美国设计。

汽车设计

乔·纳厄姆

> 我们认为，宏伟的世界获得了一种新的美——速度之美，从而变得丰富多姿。一辆赛车……比萨莫色雷斯的胜利女神塑像更美。
>
> ——《未来主义宣言》，1909年

对于追求形式之美与建造质量的室内设计师而言，汽车设计可以为其提供源源不断的设计灵感与无与伦比的实践经验。对我而言，汽车设计与室内设计之间有一种迂回却深刻的联系。我对汽车的喜爱渗透在我的室内设计之中。

少年时代生活在布鲁克林的我，满心希望可以拥有一辆新的汽车。劳斯莱斯牌汽车的照片整齐贴满我卧室的墙壁。我每天放学之后以及整个暑假都在辛勤打工，终于攒够钱买一辆汽车。我的第一辆新车是一辆海军蓝色奔驰双门汽车，汽车内部充满棕褐色的皮革制品。我在拥有自己的公寓之前先拥有了自己的汽车。

20世纪六七十年代的汽车设计，特别是凯迪拉克轿车、奥尔兹牌轿车、雪佛兰牌汽车的设计，为我带来源源不断的设计灵感。20世纪50年代出品的汽车那夸张的造型和另类的颜色（比如水蓝色、粉红色）同样吸引我的关注。此外，汽车那精美而闪亮的油漆外层也让我深深着迷。在我的设计生涯初期，我曾和客户汤姆·福克斯（他后来成为我的长期合作伙伴）一同前往梅赛德斯·奔驰品牌公司购买汽车油漆，而后把油漆涂到屏风上，以此让屏风呈现银色金属的质感。彼时我们购买汽车油漆，只考虑到其所能营造的视觉效果，而没有考虑到其经久耐用的特性（事实上，这是汽车油漆的另一优势）。

早在计算机普及以前，汽车设计师常常以黏土塑造适当弯曲、成角、多面的模型；从本质上看，塑造模型的工作和塑造雕塑的工作几乎一样。时至今日，设计师在设计家具时可以运用3D打印技术。设计师制作出桌子的初步模型，并以钢板作为辅助物，以此保证弯曲的基座可以达到细薄而稳固的状态。这样的制作过程和车身的制作过程非常相似：它们都涉及打造兼具实用与美观的部件。如此设计既满足功能需求，也满足视觉需求。就像汽车车身和汽车油漆需要长期抵御雨雪的侵蚀和使用的磨损一样，弥漫着工业风格的家具也需要经久耐用。

在另外一些设计项目中，我曾将青铜与松香融合而成一种新材料，再把其运用到大门的装饰上，使大门仿佛穿上一件斑驳的外衣，这让我联想到汽车车身的金属及其在长久使用中所形成的凹陷。虽然表面凹凸不平，却弥漫着别样魅力，这种现象在汽车身上非常常见。我也曾设计带孔的屏风（如此屏风让人联想到艾琳·格雷所设计的屏风），并为其涂上汽车油漆。我还曾用超级短剑汽车所涂的明亮石灰绿色油漆来为住宅中的吧台涂漆。我也曾用带有凹槽的胡桃木板在室内空间中打造夹板以增加视觉趣味，这让人联想到20世纪50年代出品的一些汽车身上的凹槽。

工业设计所运用的凹凸不平、经久耐用的材料，可以成为室内设计师和家具设计师的有力法宝。建筑师、设计师、艺术家、手工艺人的创意思维与巧妙设计，可以为室内设计师提供设计灵感。置身信息时代，工业设计所创造的真实可感的设计成品——比如经典优雅的阿文蒂汽车、简约轻便的电车——可以为室内设计师带来无限启发。

311页图：

在这一位于纽约州南安普敦的住宅里，不锈钢时尚吧台那锃亮的石灰绿色油漆格外引人注目，让人联想到刚打完蜡的汽车那闪亮的车身。装饰架上那五彩缤纷的高脚杯，让人联想到复古汽车的鲜亮色调

左图：
这一位于特里贝克地区的住宅弥漫着浓郁的现代气息。住宅的客厅中央摆放着一张由美国传奇设计师乔·杜尔索设计的复古咖啡桌，其简约造型让人联想到工业设计产品。客厅一角设置有由福克斯-纳厄姆设计事务定制的圆柱，这一圆柱以人造石经热力塑造而成，再融入不规则纹样装饰

313

时尚

罗伯特·库蒂里耶

人们普遍认为，时尚总是周而复始、循环交替。随着时间的流逝，曾经的时尚可能卷土重来，再度成为时尚。

然而，回望室内设计史，从 18 世纪出品的家具以及数年之后出现的比德迈厄式家具中，我发现也惊讶于时尚更新换代之快。因此，我不太确定"时尚周而复始、循环交替"这样的说法是否有现实依据。

事实上，在 18 世纪，生活富裕的年轻夫妇在装饰住宅时，不会用爷爷奶奶辈留下的家具。相反，他们会打造彰显当代风格的住宅：他们热衷大型窗户，配有软垫的家具以及线条清晰、色调明亮的物件。当他们的爷爷、奶奶去世以后，他们会把老人家留下的家具存放到阁楼上，或者把这些家具送给住在乡下、生活拮据的亲戚。

何种物品会引领时尚潮流，而后渐渐落伍过时，最后退出历史舞台，一切皆有定数。19 世纪末期，人们对资本家的住宅设计趋之若鹜，因而我们可以看到亨利二世的饭厅、路易十四的门厅、充满 16 世纪元素的书房、路易十五的客厅、路易十六的卧室纷纷"飞入寻常百姓家"。彼时现代风格依然盛行，但作为财富象征的古董同样受到青睐。购置古董成为一种新时尚：社会新贵购置古董以彰显财富、提升地位。

此时期，资本家热衷打造弥漫着文艺复兴时期风格的连栋别墅，把奢华家具堆满别墅，把碧绿挂毯挂满墙壁。一个典型的例子：威廉·鲁道夫·赫斯特把欧洲古建中的珍贵嵌板、方格天花板、壁炉架等装饰元素全部拆除并运回美国，用以装饰自己新建的城堡。

时至今日，上述装饰元素以及体现这些元素的优雅家具，往往以零部件的形式出售，其售价比起当年资本家以及新贵所付的天价简直不值一提。在当下以及可预见的未来，人们大概很少会运用 16 世纪的装饰元素来布置家居。这些曾经流行的元素已经过时，鲜有机会卷土重来。体现这些装饰元素的家具——除非陈列在博物馆中——最后总不免落得存放仓库或销声匿迹的下场。

也许有人会说，在服饰领域，时尚总是周而复始、循环交替。然而，最近有谁在城市的大街上看到圈环裙的身影？服饰领域和室内设计领域一样，在此，时尚更新换代、从不重复。

家具与其购买者之间应该存在某种联系。在我的成长阶段，与我们家族有往来的一位女士（长居巴黎）向我们诉说她的爷爷与路易十五的故事——她的爷爷小时候曾坐在路易十五的大腿上，出于此种联系，我的父母总乐于购买 18 世纪的家具。这些家具置放在我们家中，我们触摸它们、使用它们、了解它们，我们与家具之间存在一种亲密联系——既有身体上的接触也有情感上的交流。然而，正如爷爷奶奶辈与 16 世纪、17 世纪的家具之间的亲密联系由于年代久远而不复存在一样，我们的后辈与 18 世纪的家具之间的亲密联系也会由于年代久远而不复存在。我们无法与所有家具如餐具柜、长凳、搁脚凳、直背椅子等产生联系，因此随着时间的流逝，这些家具会渐渐被遗忘、被储存甚至被丢弃。时至今日，除极少数与古典家具有深厚渊源的人以外——对他们而言，这些家具是历史的见证而非装饰的元素——古典家具少有人问津。

多年来，我一直购买、热爱、痴迷、珍惜 18 世纪出品的家具。然而，从整体来看，18 世纪出品的家具似乎在重蹈 16 世纪出品的家具，如之覆辙——被遗忘、被储存、被丢弃，如带精雕花纹的大相，今日已非常罕见。人们普遍认为购置古董是一种稳妥可靠的投资方式（当然我从未想过投资增值，因为我并不打算出售我所购买的家具），但是这一想法并不高明甚至略显愚蠢。在我看来，人们应该出于对古董的由衷热爱以及与古董的历史渊源而去购置古董。

时尚会随着世界的变化而发生变化。在岁月的流逝中，我们不仅长得更高、长得更壮，

315页图：
这一住宅位于纽约第五大道。在此，源自凡尔赛宫的嵌木地板为这一空间注入了历史气息，而由艾尔维·凡·德·司特拉顿设计、以青铜和水晶为材质的枝形吊灯则为这一空间增添了现代气息。由克劳德·拉兰内打造的座架置于镜子之下，旁边是定制的绣花窗帘

我们的生活也发生了深远变化。时至当下，我们的审美理念可以瞬间传遍世界，只需动动鼠标，某种时尚风格就可以瞬间全球共享。因此，当下不同地区之间的风格差异渐趋消弭，很难界定何为典型的美国风格、何为典型的法国风格。然而，这种现象可以说明人们的时尚视野变得开阔、人们的审美眼光有所提升。

右图：
这一住宅位于英国乡村。住宅的书房中，由英葛·摩利尔设计、以金色飘带为造型的灯具沿着天花板垂落下来。其灵动的形态轮廓与书房的庄重氛围形成鲜明对比。壁炉边的大理石圆柱和石膏饰品是为这一书房特别定制的

烹饪

卡尔·达基诺、弗朗辛·莫纳科

每年新年前夜，我们总会到曼哈顿的巴勒克街选购食品以准备团圆大餐。我们没有预先计划或制定食谱，我们只是前往不同的意大利土特产店去购买各种新鲜食材。从这一点来看，烹饪与设计非常相似。如何挑选、搭配各式食材配料并最终烹制出美味佳肴，是一个尽情发挥创意的过程。

卡尔曾接受系统的建筑设计训练，却对室内装饰有无限热爱。弗朗辛是一名建筑师和教授，出于对意大利现代主义所倡导的细节与材料的浓厚兴趣，而选择了教授室内设计。初看之下，我们之间的合作非常顺理成章——负责建筑内部的设计师与负责建筑外部的建筑师总可以顺畅交流。事实上，我们之间的交流的确富有成效，无论在设计理念还是关注焦点上，我们都有着交集与互动——我们不仅有着相似的设计理念，而且都相信理智与直觉。

我们同为意大利裔美国人，这一重身份也让我们紧密相连，美食即是我们之间的一大联系：我们都喜欢意大利圣约瑟节的甜点、复活节的面包和酥脆的杏仁饼干。我们一同进行设计的过程如同我们一同烹饪美食的过程：一方面从传统入手（借鉴与继承传统），另一方面相信直觉、提倡创意。

卡尔常常阅读有关烹饪的书籍，他沉迷其中就像沉迷小说一样。不过，当大家请他烹制晚餐时，他往往需要参考相关食谱并进行一番尝试后才会正式准备晚餐。与之相对，弗朗辛则从外婆那里习得传统的烹饪技巧与私家食谱（她妈妈在小黑本上把这些食谱一一记录），因此烹饪对她而言简直信手拈来。

对传统的深入理解与由衷欣赏，可以为烹饪与设计注入无限魅力。无论你想要烹饪美食还是设计家居，在正式动手之前你都需要全面了解其固有的原则规律。比如，在设计窗帘时，你需要知道当手工制作的威尼斯玻璃固定在一起时，可以产生奇妙的视觉效果：它们看上去仿佛光亮、柔和、优雅的织物一般。

在合作中，我们往往会在开展项目之初制订一个设计方案，但这一方案并非一成不变的。就像厨师烹制美食的过程一样，设计师在设计过程中也会产生各种想法，并把这些想法融入设计之中。在对待材料元素上，厨师与设计师秉持着同样的态度。对厨师而言，从农场购入当季新鲜优质食材，可以为他们的烹饪带来无限灵感；对设计师而言，从店铺购入不同材料——现成或创新、原始或人造的材料，如同食谱中的食材一般——也可以为他们的设计带来无限灵感。想想在书房中那手工打造的胡桃木圆柱和锈迹斑斑的细长书架，就是一种设计材料与元素。

厨师需要在市场中选购当季最新鲜、最优质的食材，以此制定相应的食谱。同样地，设计师也需要进行绘图、制模等一系列尝试，以探索新颖的材料，并让客户了解室内空间的未来规划。设计师花费大量时间来仔细观察、认真探寻，并以开放胸怀应对各种意外状况，最终把各式物件放置到室内空间最为合适的位置上。在此过程中，设计师需要综合考虑灯光设置、地毯材质、物件大小与比例、空间大小与比例等问题——凡此元素如同食材配料一般，它们联手合作，让最后的食谱更为完善。

随着时间的流逝，设计与烹饪一样会不断调整、不断精进。唯有对一个领域非常熟悉时，人们的创意才有可能激发出来。当设计师开始自由发挥创意时，其设计就被赋予了特殊的意义。

319页图：

在这一住宅中，飘窗区域弥漫着浓郁的休闲气息，由此成为全场的关注焦点。定制咖啡桌和定制地毯的颜色和形制，在这一住宅的公共区域和私密区域反复出现，由此成为人们的视觉焦点

诗歌

安·派恩（麦克米伦有限公司）

我们在十四行诗中建筑寓所。

——约翰·多恩

我喜欢把一所房子比作一首诗。

如果一所房子以银色和银白色为基调，它会让我想起沃尔特·德·拉·梅尔的诗歌《银色》中的诗句"慢慢地，静静地，月亮穿着银鞋走进了夜"。如果一所房子有带皱褶（如同圆柱上的凹痕一样）的长长窗帘或由亚当·威斯威勒设计、沐浴在烛光之中的一对五斗柜，它会让我想起弥漫着新古典风格或哀婉气息的诗，比如马修·阿诺德的《多佛海岸》。如果一所房子活力无限、妙趣横生，它会让我想起奥格登·纳什的诗。如果一所房子设计另类、奇妙怪诞，它会让我想起艾米莉·迪金森的诗。

言及结构，如果一所房子看上去"中规中矩"——有些人会用"中规中矩"来批评一所房子过于井然有序——它会让我想起格律鲜明的诗。我喜欢井然有序的房子，特别是井然有序的客房或客厅。

言及风格，房子的风格可以是隐晦的，也可以是清晰的。如果一所房子弥漫着休闲舒适的风格——在偌大通风的空间中，各式椅子自由摆放，置身其中，人们可以随意倚靠、随时冥想，它会让我想起沃尔特·惠特曼的《自我之歌》。

我好奇，有没有房子会如十四行诗那般结构严谨、主题鲜明？此时此刻，我想起了罗伯特·弗罗斯特的十四行诗《设计》（此"设计"与彼"设计"不无巧合）。在这首诗中，弗罗斯特把"设计"以白色的意象表达出来——"白蛾""白蜘蛛""白色万灵花"。此外，弗罗斯特还追问道：如此设计是厄运抑或幸运？由此我想到，房子是否也可以"提问"？我坚信房子可以也应该"提问"。

约翰·多恩的《封圣》（*The Canonization*）是一首富有层次的诗，其所展现的意象从眼泪到圣歌再到半亩坟墓。同样地，一所房子也可以富有层次：包含美观层次（这张桌子十分精美）、实用层次（这张桌子可用来聚餐）、理论层次（这张桌子历史悠久）、情感层次（这张桌子是奶奶给我留下的）……房子的迷人之处就在于不同层次之间的融合与互动。在《封圣》中，初看之下彼此矛盾的意象最终融汇而成整体意象，如此整体意象已经超越了诗人最初的构思。"眼泪"和"白蛾"最终演变成"郡县、城镇、宫廷"——一座虚拟的帝国。同样地，房子的不同层次也有不同的走向，然而一旦不同层次得以融合统一，将赋予房子以无穷力量。

言及隐喻，我想起麦克米伦的创始人埃莉诺·斯托克斯托姆·麦克米伦·布朗太太以及她那位于纽约州南安普敦、由剧院改造而成的大型客厅。这一客厅中最引人注目的当数以马戏团之马为主题的大型挂毯（挂毯上为印制图案，因而挂毯价格并不昂贵）。当我看到这一隐喻马戏团的挂毯后，我想起了威廉·巴特勒·叶芝的《戏团驯兽的逃遁》。

这一客厅中，在主题的召唤下，各种意象一一呈现：一幅描绘小丑拉手风琴的油画孤零零地挂在广阔的墙上；一尊雌雄同体的石膏雕像摆放在壁炉架上，雕像双手高举，仿佛要宣布重要事件；根据不同活动而设置的不同房间（书房、饭厅、客厅）；房子作为舞台，展现主人的个性特质。位于中心位置的桌子、位于中心位置的地毯、源自威尼斯的枝形吊灯——一切都各安其分、各司其职，共同服务于主题之表达。

不知道布朗太太是否知晓我所提到的那首叶芝的诗？

无论如何，每个认识布朗太太的人都知道，没有什么比"马戏团"更适合形容布朗太太的住宅：在此，马戏团象征着优雅、完善、卓越、

321页图：
这一卧室以"仲夏夜之梦"为主题。卧室中的床是仙王奥伯龙和仙后提泰妮娅的床，是泰西斯公爵和希波利塔女王的床，是拉山德和赫米娅的床，是精灵普克的床。因为在这场仲夏夜之梦中，每个人都会更换住所；在此情况下，一个欢乐怡然的卧室总是让人向往的

进步、戏谑——其对立面是叶芝诗中最后出现的"污秽的、破碎的、苍老的心"。在每个来到布朗太太住宅赴宴或用餐的人心中，这一住宅是那样庄重华美、引人注目，它值得被人铭记。

那么，诗可以为室内设计带来什么启示呢？

一所房子如同一首诗，为我们提供窗户，让我们倚窗眺望。

一所房子如同一首诗，让我们远离世界，让我们独处一隅。

一所房子如同一首诗，有着自身的权威，其韵律、节奏、隐喻、基调是客人所无可辩驳的。

一所房子如同一首诗，唯有在时光的流逝中才能被慢慢理解——人们需要花时间阅读一本诗集，也需要花时间参观一所房子；甚至多年以后，人们还需要花时间重新品读诗集、重新审视房子。

一所房子如同一首诗，往往与置身其中的客人之期望背道而驰，它让客人扪心自问：此处体现了主人对生活的期待，那么我对生活的期待是什么呢？

房子与诗都揭示了同样的问题：身处浩瀚宇宙、茫茫天地，我们的感受是否值得重视？我们的居所是否值得重视。

这正是房子的伟大之处，它世世代代永不消逝。

右图：
这一客厅体现了主人对古典文明的热爱，一切都营造出和谐自然的氛围。在小型桌子的羊皮纸桌面上，设计师抄录了诗人威斯坦·休·奥登的《石灰岩颂》

日本风格

艾莉·卡尔曼

我新婚后曾在东京度过两年时光，从那时起我就对东方产生了爱意，这种爱一直延续至今。在东京度过的时光，拓展了我的审美视野，影响了我的室内设计。对我而言，日本是一个全新的世界，弥漫着浓郁的异域情调；我乐于学习、借鉴日本风格与东方美学。

1854 年，美国海军准将佩里将黑船开进横滨海港，自此西方世界开始了解日本美学传统。日本风格——从陶瓷到园林，从时尚到美食——对西方的文化与思想产生了深远影响，尤其是对西方的建筑与设计产生了深远影响。

也许最能体现日本风格的是日本绘画。描绘日本歌舞伎日常生活的浮世绘，最早作为包装纸出现在从日本运往西方的货物上。这些五彩缤纷的插画上那碎片化、平面化的场景和偶尔缺失的背景，对印象主义画家的创作产生了深远影响。在现代时期，日本水墨画和书法的灵动笔触，对抽象表现主义画家的创作产生了重要影响。

众所周知，日本风格对西方建筑影响深远。早期到访日本的建筑师弗兰克·劳埃德·赖特深受日本建筑简朴风格的影响。后来，如此风格蔓延至包豪斯——包豪斯反对过度装饰，并支持密斯·凡德罗提出的"少即是多"之理念。同样地，日本传统茶室的简约风格也对战后兴起的极简主义产生了重要影响。

我并非极简主义者，然而，日本设计的三大理念——"装饰、残缺、雅致"——贯穿了我的设计。在这三大理念之间寻求平衡是我的终极目标。

"装饰"理念是指通过修饰、润色来让观者关注每一物件的外观。在我的设计实践中，我常常运用涂漆或刺绣来凸显细节。比如，给床头板涂上油漆，可以为卧室增添视觉焦点；比如，给墙壁涂上金箔，可以为墙壁增添明亮光彩；比如，给天花板装上石膏线条和粗糙表面，可以为天花板增添质感与纵深感；比如，为窗

325页图：
这一住宅位于汉普顿斯，其饭厅展现了雅致的简约之美。在此空间中，用色简约，细节讲究。以丝绸和羊毛制作而成的地毯展现出微妙的色调，白色的天花板营造出柔和的氛围，为当代日本艺术家草间弥生创作的油画提供了典雅朴素的背景

帘装上花边，不仅可以凸显窗户的边界，也可以增强织物的质感。

"装饰"理念让我明白到装饰的重要性，而"残缺"理念则让我学会从寻常之物的细节中发现残缺之美，也即从简单的、朴素的、原始的、不起眼的物品中发现美。在这一点上，我欣赏古董家具上的磨损印迹，它们仿佛在诉说着一个个故事、讲述着一段段历史。比起光鲜亮丽的新衣柜，我更喜欢油漆掉落的旧衣柜。正由于此，我从来不会翻新家具，除非家具已经支离破碎，我才会对其进行修补。

"雅致"理念指的是精微朴素之美，它与极简主义有所区别。无论我在设计一所充满古董与艺术品的房子，还是在设计一所只有少数大件物品的房子，我都致力于创造雅致的室内空间。一所纯为单色的房子，一样可以展现自身的基调与气质。一所充满来自不同时期、不同地点的古董的房子，一样可以彰显自身的特点与逻辑。只有在时间的流逝中，人们才可以渐渐读懂每所房子所诉说的关于主人的故事。

多年来，我一次次踏上日本这片土地。几年前，我和丈夫前往京都开展购物之旅，彼时当地一位漆器工匠邀请我们到其家中共享晚餐（这一邀请让我倍感意外，又十分欣喜）。那天晚上，我们坐在榻榻米软垫上，工匠的妻子（一位美丽的女子）为我们捧上10道精心制作的日本菜肴，每一道菜肴都盛放在工匠制作的漆器上。那天晚上，我们不仅见识了漆器的使用之道，而且在慢慢品尝晚餐之时，我们还领略到放置于软垫上的朱砂漆器与乌黑漆器之美。当我坐在简朴的软垫上，一边享受着美味佳肴，一边品酌着清酒佳酿时，我突然发现在这灯光昏暗的房间里，摆放着许多绚丽物件，有些还装饰有金箔。那一刻对我而言意义深远，因为在那一刻我终于明白，日本人对传统与手工艺的热爱已经渗透进日常生活的方方面面。多年来，日本人的这种独特的审美理念一直影响着我的生活；我相信，日本人的这种审美理念也对世界各地的人们产生了影响。

上图：

在此，设计师没有对19世纪出品的法式桌子之残破桌面进行翻新，而是让其以不完美的姿态出现，尽显"残缺之美"

前页图片：

在此，巴黎设计大师伯纳德·杜诺在6扇朱砂涂漆屏风中运用了仙鹤这一元素，仙鹤在日本文化中是长寿吉祥的象征

文学

莫琳·福特

小时候，我喜欢阅读各种各样的书。书可以把我带往陌生的国度和神奇的地方。漫步于书的世界中，我见识到各种各样的室内空间：最初我看到贝蒙尔曼斯的巴黎学校，学校里有12张小床整齐排成两行。后来我看到劳拉·英格斯乘坐宽轮篷车前往达科他领地。到10岁时，我听到小侦探哈里特走在房中镶木地板上所发出的脚步声。读大学时，我在托尔斯泰的客厅中发呆，看着客厅中那只剩半杯的热巧克力和被忽略的丝巾；我在达罗薇夫人的客厅中流连，看着挂在窗户上的黄色窗帘；我欣赏亨利·詹姆斯在《奉使记》中所描绘的巴黎的连栋房屋。不可避免地，我把学校寝室甚至长大后居住的公寓都想象成小说中带有奇幻色彩的室内空间。阅读培养了我对空间的想象，而对空间的想象正是设计师的首要任务。

此外，小说和传记让我认识到人物的复杂、多面、欲望以及超乎想象的奇特生活。阅读可以为我提供更为丰富的视角，让我了解到最佳生活之道。人们在什么地方生活可以比在家中生活更有意义呢？对于这一问题，乔治·艾略特有着自己的深刻见解。

尽管篇幅很长（足有700多页），但乔治·艾略特所著的《米德尔马契》（Middlemarch）仍然是一本有关室内设计的神奇之书。通过记录年轻人对生活关联与理想激情的探索过程，乔治·艾略特道出了室内设计的真谛。当乔治·艾略特借放荡不羁的威尔·拉迪斯拉夫之口说出个人幸福可以改变整个世界时，他是在暗示家已从个体所需演变成社会力量。家是避风的港湾、心的栖息地，置身其中，人们可以做最好的自己。在乔治·艾略特看来，家需要带给人审美的愉悦，因为美是人的精神追求。当禁欲主义者多萝西亚被璀璨夺目的绿宝石所吸引时，她认识到尘世之美可以滋养灵魂。

尽管小说中刻画了资本家的华美屋舍与肃穆庄园，展现了中产阶级的珍贵珠宝与昂贵马匹，但《米德尔马契》仍然是一部讲求平衡、节制、协调的小说。在乔治·艾略特所构建的世界中——如同茜斯特·帕里斯和邦尼·麦伦所构建的世界一样——简单朴素方显与众不同。对此，乔治·艾略特进一步解释道：就像守旧的卡苏朋以刻板的教条扼杀生机一样，过度装饰的房子也会让人感觉无法喘息。当人们怀有好奇之心去度过充实生活时，自然会创造出舒适休闲的室内空间（当下评论家称为"富有层次"的室内空间）。我们都知道（虽然有时会忘记）：重复哪怕最为迷人的时尚，也无法形成个人的风格品位；因为和性格一样，风格品位为个人所独有，需要培养才可形成。威尔·拉迪斯拉夫在旅行途中作画，他拒绝完全照搬罗马艺术家的杰作，以此表明自己的独立个性（正由于此，在小说最后他才可以抱得美人归）。

《米德尔马契》教会人们接受不完美（即便温文尔雅的教堂牧师也有可能沉迷赌博），同时鼓励人们追逐梦想、实现理想。这一切让《米德尔马契》成为一部迷人的浪漫小说，尽管如此，乔治·艾略特仍然不动声色地阐明了平和、互动、意志才是实现自我圆满的关键途径——这也是温柔抗衡巴洛克之浮华风格的经典手段。《米德尔马契》有着深刻寓意，它让我联想到家作为避风的港湾、心的栖息地所应该呈现的模样。

置身情感的十字路口，多萝西亚从窗户往外眺望，看着如珍珠般闪亮的灯光，听着清晨人们在田间的劳作，想着渺小自我只是茫茫天地间的一员，她突然间释怀了，只觉内心一片平静。人生在世，去感受自然之美、去体验生活之丰盈才是头等大事；室内设计只是为人们提供了一方舞台。

329页图：
在此，设计师设置了造型别致的吊灯、舒适柔软的软垫、奢华优雅的帐篷、产自蒙古的羊毛地毯、源自18世纪与装饰艺术时期的物件，以此体现乔治·艾略特所提出的"家是灵魂与感官的栖息地"之理念

旅行

马修·帕特里克·史密斯

我一直热爱旅行。然而，只有当我在戴维·伊斯顿门下工作时，我才真正认识到旅行对于室内设计师的重要作用。众所周知，戴维·伊斯顿对建筑历史与装饰艺术有着深入了解（这也是我希望在其门下工作的主要原因），堪称行走的百科全书。尽管戴维·伊斯顿有一个藏书丰富的书房，但他仍然深信"读万卷书不如行万里路"，他是一位热情洋溢、爱好冒险的旅行者。

作为年轻设计师的我，在周游列国、遍访各地的过程中不断开阔眼界、增长见闻。我的第一次出国旅行——目的地为法国、英国、爱尔兰——很具启发意义。从哥特式风格到中世纪风格，从文艺复兴到宗教改革再到启蒙运动，这一路的所见所闻、所触所感都加深并拓宽了我对人类创造力的认识——比如，过去我通过书籍和照片了解了很多年轻艺术家，然而当这些艺术家的作品呈现在眼前时，我才发现这些艺术家比我想象中要更为复杂、更为立体、更为耐人寻味。这让我备受启发：对于每一位设计师而言，遍游各地、增长见闻的"大旅行"（或有着相似目的的旅行）都是必需品而非奢侈品（当然，环球旅行确实是一种奢侈之举）。

学院的正规设计训练，让我们对设计风格的演变历史有所了解，对建筑设计、室内设计、装饰艺术的构成元素有所认识——比例、大小、形态、布局、装饰、材料、颜色。在我看来，想要探索如何把这些元素融入室内设计之中并达到"整体大于部分之和"的效果，设计师需要近距离亲眼看看世界各地的设计前辈（无论资深大师还是无名之士）是如何巧妙做到这一点的。也就是说，设计师需要通过参观历史遗迹、风景名胜、各大城市、不同古建去发现设计历史的延伸轨迹。我从旅行途中看得越多、学得越多，我为客户提供的服务就越丰富完善。如果不亲临当地用双眼细看、用指尖触碰，设计师如何能真正了解一件非凡艺术品、一处建

右图：
这一住宅位于曼哈顿派克大街。在此，丝绒俱乐部椅的深棕色、抱枕的珊瑚蓝色和珊瑚红色、地毯上的斑马图案，与周围宁静的中性色调达到美妙的平衡。两幅由林天苗创作、给人带来视觉冲击的石版画挂在沙发上方

筑奇观、一座宏伟城市、一个纯朴乡村呢？

　　对于设计师而言，学习永无止境。在游历了不少地方之后，我决定前往雅典。在抵达雅典的第一天晚上，我在酒店房间向外遥望雅典卫城，帕特农神庙在如银的月光下闪闪发亮，那"高贵的单纯、静穆的伟大"让我深深着迷。此情此景，让我从心底生出相见恨晚之感。我一边陶醉于让人震撼的建筑景观，一边想象着未来数天的探索之旅，突然之间，我很好奇为何自己游历了那么多地方之后，才终于踏上这片土地（西方文化与设计的发源地）。我热爱巴黎，那里的生活总是丰富多彩。我热爱纽约，纽约是我的故乡，我每时每刻都在感受着它的文化与设计魅力。我热爱雅典，这是一座连接东方与西方的城市，这是一座从史前时期到21世纪一直屹立不倒的城市；它所彰显的古典秩序与完美比例时至今日依然为设计师所借鉴与沿用，它所包含的剧场、战场、政治场所、活动场所历经千年，依然带给设计师以灵感启发。在我看来，无论人们是否被今日之雅典所吸引，他们都应该到雅典走一走、看一看。

　　在进行室内设计时，我有时会清楚知道某个细节的设计灵感源自何处，有时却不甚了解。这正是设计的迷人之处。往昔我所走过的地方、我所看过的风景融汇成为一种文化记忆储存在脑海深处，未来某个日子里，这一记忆会发挥奇妙作用，给我带来灵感启发。无论在国内还是国外，旅行都为我提供了源源不断的灵感。

右图：
在这一位于纽约的住宅中，一幅由皮埃尔·玛丽·布里森创作的画作挂在沙发上方，画作色调奠定了这一空间的颜色基调

332页图：
在这一床头桌上，陈列着主人从旅行途中淘来的古玩，其中包括源自巴黎的时钟、源自印度的象牙制品和几个玳瑁色盒子

服装设计

夏洛特·莫斯

我们的穿衣之道如同居住之道一样，
　我们都渴望获得安全感、愉悦感、时尚感，
　　这些美好的感觉不会在一夜之间消失不见。

——于贝尔·德·纪梵希

已故百货公司创始人史丹尼·马科斯曾出版回忆录《探索最佳》（*Quest for the Best*），并在后记中列出了"最佳物品"清单，其中包括毡尖笔、《纽约客》杂志、伦敦出租车、波得路堡红葡萄酒、加拉诺斯设计的礼服、克拉里奇酒店的亚麻布床单。这些物品的共性在于：其一，它们都优质、舒适、创新、便捷——既满足了实用需求，也体现了奢华格调；其二，它们都满足了人们对最佳物品的渴望、对独一无二的期待、对优质生活的追求（就如同人们追求优质服装一样）。

建筑设计与室内设计是人们追求美好生活的一个缩影。人们的家居环境应该是美观的、舒适的、引人注目的。如此说来，室内设计师的职责在于通过追求品质与突显细节来营造恰到好处的氛围。服装设计师需要精细测量与反复测试后才可以开启服装设计的过程，同样地，室内设计师也需要对客户有足够了解后才可以开启收集、采购、设计的过程。

随着时间的流逝，人们的品位自然发生变化。在追求更美好、更优质的生活时，人们自然会像为自己挑选合适服装一样为自己设计美好的家。

家是安全治愈的港湾，是远离喧嚣的乐土。既然如此，人们应该像服装设计师精心设计服装一样精心设计自己的家。人们和室内设计师携手合作、畅通交流，最终创造出最能体现主人个性特质的室内空间。

科尔法克斯＆福勒公司的合伙人南希·兰卡斯特和约翰·福勒开创了一种新的"客户—设计师"的合作模式。他们主张在开展设计项目之前与客户深度交流，他们相信只有在了解客户生活细节的基础上，才可以创造出最佳室内设计。那些美好、优雅、舒适的室内空间，都是客户与设计师坦诚相待、深入沟通的产物。想要创造让人满意的室内空间，设计师需要了解一系列重要信息：客户喜欢在哪里吃早餐？客户习惯在哪里看报？客户乐于在哪里写信或看书？客户每隔多久会款待朋友？客户拥有多少套舞会礼服？

在进行室内设计的过程中，设计师需要不断询问以便有所了解，需要深入研究以便有所领悟。当设计师做到这一点后，自然可以自由发挥、迸发创意，也即爵士大师迈尔斯·戴维斯所说的"不要玩陈词滥调，要玩新鲜曲调"。

在一个日益全球化、一体化、民主化的时代，世界各地的人们对优质定制服务的需求有增无减。在此背景下，服装设计师、室内设计师需要成立自己的工作室，并与工作室其他成员通力合作，才可以满足人们对私人定制的全方位需求。

我的好朋友兼服装设计师拉尔夫·鲁奇曾对服装设计这一行业有过诗意而深情的解读："服装设计是设计师与其所在工作室的联姻，二者彼此依赖、缺一不可。"我非常同意他的观点。

335页图：

在此，窗帘图案与墙纸图案和谐搭配、彼此呼应（墙纸由詹姆斯·艾伦·史密斯用模版印刷而成）。墙纸为挂在墙上的一系列时尚摄影作品提供了极佳的背景。这些摄影作品出自著名摄影师亨利·卡蒂埃-布勒松、塞西尔·比顿、莉莉安·巴斯曼之手；摄影作品中的女士包括收藏家贝比·帕利、设计师克莱尔·麦卡德尔、设计师埃尔茜·德·沃尔夫、时尚名人可可·香奈儿

装饰一个房间就如同装扮自己一样，需要遵循以下步骤：第一，周密规划，合理安排；第二，循序渐进、逐步细化。关键在于懂得适可而止，过犹不及

337

家具布置

布鲁斯·比尔曼

家具布置在室内设计中非常重要，其主旨在于存在我们所置身的房间、建筑、景观中实现和谐平衡。在进行室内设计时，我们通过建构空间平衡——对构件在景观中的位置进行调整、对建筑本身进行规划设计——以改善我们的日常生活。通过运用平衡互补原则，创造和谐环境、营造幸福感，这种幸福感会对我们的健康、财富、事业、人际关系产生微妙的影响。

我在对棕榈滩大型公寓进行室内设计的过程中，恰到好处地运用了家具摆放原则。这一公寓坐落在一幢现代建筑的 30 层楼上，原来一进门即可看到一道墙，这道墙阻隔了空气流通，也屏蔽了无敌海景。我仅仅把这道墙后移了约半米，就达到了显著的效果，不仅改善了空气流通，而且让主人可以从公寓的一端望向另一端，把大海景观与城市景观尽收眼底。此外，我把厨房区与客厅之间的分隔墙拆除，并添置了一个双面壁炉，由此把两个房间整合成一个广阔的空间。

根据平衡互补原则，我重新安排了公寓中的家具。我把书桌放到书房的显要位置，让主人不仅可以隐约看到书房的入口，也可以透过邻近的窗户观看窗外的风景。我还重新布置了卧室，把床放到卧室入口往左的墙边。我把所有杂乱元素一一清除，这有助于置身其中的人们厘清思路，也有助于空气自由流通。

家具布置让我们懂得：世界受到地球周围的能量线的影响，这些能量线可以改善人们的生活，也可以扰乱人们的生活。在进行室内设计时，为了趋利避害、创造和谐，人们应该增强空气的流通。通过调整物件摆位或添置多叶植物，可以促进空气流通，从而提高生活品质。

根据主人的个性去设计家居，是家具布置的另一原则。在上述棕榈滩大型公寓中，弥漫着浓郁的传统气息，摆放其中的家具与布艺都经过精心挑选，旨在为主人提供一片宁静舒适的绿洲。镜子代表"水"这一元素，可用于扩

右图：

在这一位于迈阿密的公寓中，巨幅彩色照片的位置恰到好处，让饭厅中的家具与摆设所构成的硬朗线条得到缓和。插有鲜花的花瓶发挥了与巨幅彩色照片同样的功效

340—341页图：

这一公寓位于佛罗里达州的棕榈滩，面朝大海，色彩斑斓，是运用家具摆放原则的典范。公寓中有一面大镜子，代表"水"这一元素，镜中反射出广阔的大西洋海景

展空间与景观，改变空气的流通方向。在这一公寓中，家庭房是让人愉悦的房间之一。在家庭房中，三面都装有法式玻璃落地门，地上则铺有绿色花纹地毯。

无论开展怎样的设计项目，设计师都可以通过遵循家具布置的基本原则，从多方面改善主人的生活。即便是开展小型的设计项目，设计师也可以通过遵循家具布置的基本原则，为主人的生活带来福祉。正确摆放一张床、一张书桌、一个灯具、一件艺术品，都可能为居住其中的人们带来全新的生活体验。

跨文化主义

何君

尽管跨文化主义在20世纪后几十年里成为文学研究与文化研究的热议话题，然而，事实上跨文化主义由来已久。不同国家、不同大陆、不同文化之间的交流对室内设计、建筑设计、装饰与应用艺术领域产生了难以估量的影响。

荷马和赫西奥德曾讲述古希腊与埃及、亚洲、小亚细亚地区的贸易往来（交换物品包括陶器、贵金属、奢侈品）。丝绸之路连接东方与西方，是丝绸贸易的中枢系统，通过丝绸之路可以通往中国、印度和地中海。此外，丝绸之路还是经济交流与文化传播的网络，激发着人们对神秘异域与陌生民族的想象。直到15—16世纪，新发现的航海路线才把欧洲与世界各地连接起来，并催生了全球第一个贸易共同体的诞生。往后每过100年，随着交通工具与通信技术的不断进步，古今东西的文化交流以不同的形式呈现：风格（东方风格、日本风格）、狂热（埃及热、中国热、土耳其热）、运动（工艺美术运动）、复兴（希腊复兴、哥特复兴、文艺复兴）。

在《20世纪传奇设计师》中，马克·汉普顿如此写道：20世纪以前，美国室内设计的典范（如今人们称为"时代展室"）往往体现特定历史时期的风格特色。20世纪见证了人们对个性风格的追求，对多元融合的向往，正如马克·汉普顿所说"一种风格让位于多种风格"。丰富多元的设计格局得以确立并不断发展。

在跨文化交流的背景下，设计师可以接触到新发明的材料以及从远近不同地区采集而来的材料。在这一方面，已有无数例子。比如，美国建筑师格林兄弟从日本的木制房屋中汲取灵感，把复杂的木工技艺引用到自己的设计中。同样地，后世设计师从前辈设计师所设计的弥漫着现代风格的产品中获得灵感。比如，罗伯逊顿·奇宾斯所设计的"克里斯莫斯椅"是向古希腊座椅的致敬，菲利普·斯塔克所设计的"幽灵椅"是对路易十六扶手椅的巧妙借用。

尽管当下的人们足不出户、动动鼠标即可"到访"上海、古罗马、美索不达米亚、17世纪的法国，然而，人们最好通过亲身体验去理解跨文化主义。书籍、目录、杂志（建筑设计与室内设计）、互联网、戏剧表演、画廊与美术馆，一切都有助于人们深入了解跨文化主义。

旅行为我提供了亲身体验自然万物的机会，而且旅行途中我还可以随意更改路线、自由改变行程——如此随心所欲正是旅行的魅力所在。旅行为我提供了体验"生活在别处"的机会，让我领悟到生活多姿多彩、美无处不在。我生于马来西亚，童年时期曾与家人遍游亚洲各地，如此经历激发了我对设计的兴趣。时至今日，我已经进行过多次跨国之旅，足迹遍布108个国家。在我看来，新的地方、新的体验可以让我见识不一样的美，让我的设计始终洋溢生机、充满活力、产生影响。我曾骑车穿越法国的卢瓦尔河谷，欣赏舍农索城堡和香波尔城堡的美丽景观——在此，吊灯、圆柱、烟囱、角楼、山形墙、屋顶窗等元素融为一体，弥漫着浓郁的童话色彩，如此景观为我的家具设计提供了灵感。旅行为我提供了自由想象、自由创作的机会：在此过程中，我不仅构思了新的设计，也发现了新的材料，学到了新的技艺，掌握了新的制作方法。走在旅行途中，跨越不同地域，我学到了各种各样的设计语汇，这让我明白到设计没有国界。

343页图：
这一住宅位于旧金山。住宅的客厅中，一张弥漫着简约风格的沙发和一对复古皮革椅子和谐搭配。墙上挂着由西班牙艺术家安东尼·塔皮埃斯创作的多幅带框石刻版画。靠墙的桌上摆放着源自中国清朝的青花瓷花瓶

电影

史蒂芬·沙德利

我在从事室内设计以前曾在电影行业工作。我生长在加利福尼亚州南部，在那里每天的生活都与电影息息相关。好莱坞、广阔的摄影棚、格劳曼中国戏院，是我每天都能看到的风景。我所看过的电影深刻影响了我的艺术视野与审美理念的形成。

我的第一份工作是给 20 世纪福克斯电影公司当布景设计师。早期我的任务之一包括为电影《姻缘订三生》绘制电影布景——在巨型幕布上勾勒出曼哈顿的天际线。我花了几个月时间学会如何在巨型幕布上精确描画细节，后来我和朋友一起去看这部电影——看看我的劳动成果出现在大银幕上是何种效果。那一时期所学到的配色方法与构图方法，时至今日依然对我的设计产生着深刻影响。在进行室内设计时，我旨在娓娓道来一个故事，而不囿于特定方法或标志性风格。

很多时候，我都可以从我喜欢的电影——无论是天马行空的电影比如韦斯·安德森执导的《布达佩斯大饭店》，还是写实题材的电影比如汤姆·福特执导的《单身男子》——中汲取灵感。《布达佩斯大饭店》中充满生气又出乎意料的颜色搭配让我深深着迷，其卡通式的人物和奢华的布景让我想起在摄影棚中工作的日子。而在观看《单身男子》时，我仿佛看到了由著名建筑师约翰·劳特纳于 1949 年设计的一座住宅之影子。

我喜欢阿尔弗雷德·希区柯克执导的电影，在这些电影中，人们可以看到精心设计的室内空间。在《捉贼记》中，加里·格兰特那位于法国蓝色海岸的石质别墅里，不仅装饰有欧洲传统家具，而且糅合了现代折中主义风格。在《后窗》中，詹姆斯·斯图尔特那狭小凌乱的单身公寓，朝向房屋密布、如同剧院般的格林威治村，如此景观是纽约城不可或缺的一道风景线。在《西北偏北》中，位于拉什莫尔山腰上的房子显然是对弗兰克·劳埃德·赖特建筑的

致敬。在这些电影中，尽管建筑外观都是清一色的手绘幕布，然而室内空间却是经过周密安排、精心设计的，体现了 20 世纪中叶的经典风格。在对一座乡村别墅进行室内设计时——这一别墅由建筑师彼得·波林所设计，位于宾夕法尼亚州的山腰之上，以木头和玻璃制作而成——我从《西北偏北》中汲取了大量灵感。

在进行奇特另类、妙趣横生的室内设计时，詹姆斯·邦德的系列电影总能带给我无限启发。在差不多 15 年里，詹姆斯·邦德的系列电影一直是时尚的风向标、品位的晴雨表。在南希·迈耶斯执导的《爱是妥协》中，戴安·基顿在汉普顿斯拥有一座海滨别墅，这一别墅不仅空间开阔，而且坐拥豪华厨房。尽管这一别墅实际上只是摄影棚中的一个布景，但它却出现在《建筑学文摘》上，成为时下现代休闲建筑风格的一个代表。

在工作中，我认识了很多带给我启发的电影从业人员，他们对室内设计有着天然的敏锐触觉。我曾和伍迪·艾伦一起布置家具与艺术品，他会在一旁"指点江山"，让每一房间的每一角落都得到妥善布置。我曾和詹妮弗·安妮丝顿一起布置一个看上去和谐宁静、实则非常复杂的房间，使其在聚光灯下焕发别样光彩。我曾和已故的罗伯特·奥特曼一起合作，他运用一系列玻璃嵌板（上面是丝印的复古摄影作品）以形成重叠效果，正如他在电影中所营造的重叠特效一样。我曾和戴安·基顿一起布置过很多房间，她乐于进行各种实验，直到一切恰到好处为止。有一次，我们一起布置一个体现西班牙殖民时期风格的房间，最终我们为了营造复古的视觉效果而丢弃了花数月时间精心挑选来的数百块新瓷砖。

电影摄影是电影制作的重要组成部分。作为观看世界（或想象或真实）的一扇窗户、反映多元文化与不同时代的一面镜子，摄影机可

345页图：
这一住宅的主人为著名电视和电影演员詹妮弗·安妮丝顿。住宅的客厅中，由罗伯特·马瑟韦尔创作的《骰子#17》挂在纹理复杂的嵌木墙上，非常引人注目。金黄色的儿童三角钢琴与深色调的家具（包括两把紫红色椅子和一个带有钉头的座架）形成鲜明对比

以改变我们对世界的看法，甚至可以影响我们对生活的期待。每一年都有数不清的电影上映而后离开我们的视野，然而，这些电影所讲述的故事、所展现的地方会储存在我们的脑海之中，不断激发我们的想象。

左图：
在这一位于洛杉矶的住宅中（著名电影人戴安·基顿曾在此居住），厨房、饭厅、家庭活动室融为一体。弥漫着20世纪40年代复古风格的家具为这一空间奠定了颜色基调。"California"的英文字母摆件是戴安·基顿所热衷收藏的饰品之一。作为当地人，戴安·基顿总喜欢在室内设计中融入洛杉矶和加利福尼亚州的早期历史元素。壁炉为私人定制品

图片版权

致谢

没有室内设计同行们的支持与鼓励，本书不可能顺利面世。在此我向他们致以最衷心的感谢。

感谢我的朋友格伦·吉斯勒、艾莉克莎·汉普顿、约翰·德斯·洛里耶，他们首先发现了本书的价值并给予我坚定的支持。此外，感谢罗伯特·库蒂里耶、马修·帕特里克·史密斯，他们在前期为本书倾注了不少心思。

感谢我的文稿代理人威廉·克拉克，他耐心地代表我处理各项事宜。感谢本书的编辑凯瑟琳·杰斯，她的才华与和蔼让我印象深刻。感谢本书的文字编辑珍·米尔恩和本书的美术设计苏西·奥伯赫尔曼，他们赋予本书以新的生命。

感谢贾斯汀·汉布雷克特，他是一个有着成熟灵魂的年轻男子，他对生活的热爱于我而言是莫大的鼓励。

最后，感谢艾比·考夫曼、弗兰克·昆因、吉米·奥布里恩、帕特里克·凯、莎丽塔·戴维斯、艾琳·拉金、布莱恩·戈尔曼、丽莎·柴格尔以及诸位朋友，他们为本书提供了珍贵的案例与资料，让本书的面世成为可能。

Originally published in English under the title Interior Design Master Class in 2016, Published by agreement with Rizzoli International Publications, New York through the Chinese Connection Agency, a division of The Yao Enterprises, LLC.

Interior Design Master Class © 2016 Carl Dellatore
Individual essays © 2016 their authors

图书在版编目（CIP）数据

室内设计大师课 ： 来自美国顶尖设计师的100堂装饰艺术课 ／（美）卡尔·德拉特尔编著；何丹萍译. — 北京 ： 北京美术摄影出版社，2018.12
　　书名原文：Interior Design Master Class
　　ISBN 978-7-5592-0157-7

　　Ⅰ . ①室… Ⅱ . ①卡… ②何… Ⅲ . ①室内装饰设计 Ⅳ . ①TU238.2

中国版本图书馆CIP数据核字（2018）第170496号

北京市版权局著作权合同登记号：01-2017-1906

责任编辑：董维东
助理编辑：杨　洁
责任印制：彭军芳

室内设计大师课
来自美国顶尖设计师的100堂装饰艺术课
SHINEI SHEJI DASHI KE

［美］卡尔·德拉特尔　编著

何丹萍　译

出　　版　北京出版集团公司
　　　　　北京美术摄影出版社
地　　址　北京北三环中路6号
邮　　编　100120
网　　址　www.bph.com.cn
总 发 行　北京出版集团公司
发　　行　京版北美（北京）文化艺术传媒有限公司
经　　销　新华书店
印　　刷　鸿博昊天科技有限公司
版印次　2018年12月第1版第1次印刷
开　　本　787毫米×1092毫米　1/16
印　　张　22
字　　数　400千字
书　　号　ISBN 978-7-5592-0157-7
定　　价　289元

如有印装质量问题，由本社负责调换
质量监督电话　010-58572393